NEW YORK STYLE
Romantic Cup Cake

NEW YORK STYLE

Romantic Cup Cake

NEW YORK STYLE

Romantic Cup Cake

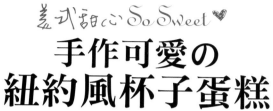

美式甜心 *So Sweet* ♥

手作可愛の
紐約風杯子蛋糕

Kazumi Lisa Iseki

以簡單的烘焙材料&工具，
動手作35款時尚杯子蛋糕！

Ciappuccino
new york

前言

盡情享用 NY STYLE的杯子蛋糕！

由於我的老家是經營飯店的，所以我從小就一邊看著料理及甜點的製作過程，一邊幫忙製作。但是在我的出生地——北海道，說到西式甜點，皆是以法式甜點為基礎作出來的糕點。

只認識法式甜點的我，在美國度過了學生時代，而在美國遇見的蛋糕，跟我所知的糕點印象完全不同。

其中紐約風杯子蛋糕特別令我心動。在此之前，我對杯子蛋糕一直抱著「媽媽手製的家庭式糕點」這種先入為主的觀念。但是在紐約，街上時髦的女孩們手上拿著的杯子蛋糕，與我所知的樸素杯子蛋糕完全不一樣，是一種摩登、華麗又可愛的蛋糕。

而且這些蛋糕有著從外表完全無法想像出的、令人想一吃再吃的高級美味。

回到日本之後，雖然有試著尋找美式甜點店，但是卻意外地少。「明明有這麼多歐式甜點店，為什麼沒有美式甜點專賣店呢？」正當我這麼想的時候，遇見了「杯子蛋糕Ciappuccino」，並經由轉讓承接下了這間店。所以2009年時，專門販售紐約風杯子蛋糕及屋比派的「Ciappuccino」甜點店就誕生了。

雖然曾在料理專門學校學習過糕點製作的相關知識，但是店舖的營運、食譜、包裝設計至業務，這些對我來說都是全新的開始。雖然每天都很忙碌，卻非常開心，想到可以讓更多的人認識我最喜歡的美式甜點，就令我高興得不得了。

　　雖然很開心，但是要在日本經營一家正統的美式甜點店，還是有困難之處。

　　除了擁有道地美式甜點知識的糕點師傅很少之外，美式甜點中不可或缺的彩色糖粒、從龍舌蘭中萃取出的龍舌蘭糖漿、黑蜜、白脫牛奶等材料，也特別難以取得商業用所需的量。

　　想要讓更多的人知道閃閃發亮的美式甜點的魅力，所以我特別出了這本書。本書將從Ciappuccino店內的人氣蛋糕開始，介紹各種美式甜點，並以能夠在家烘焙為原則，食譜中皆為容易取得的材料，在此分享給大家。

　　如果此書能讓從來沒有動手作過蛋糕的人可以開心地說：「我作出了可愛又有特色的紐約風杯子蛋糕喔！」我會相當開心的。

　　替深愛的家人或重要的人獻上祝福時，請務必試著親手作一個像是綴滿了寶石般閃閃發亮，讓人心情雀躍的杯子蛋糕喔！

CONTENTS

4

在路邊的廂型車小賣店上發現的杯子蛋糕，命名也很可愛！

雀兒喜市場的ELENI'S杯子蛋糕店，糖霜餅乾的種類很豐富。

奶油形狀相當可愛，富有流行感的杯子蛋糕。

各式各樣的
紐約甜點

在美國，不管是生日還是其他的慶祝活動上，少不了的就是杯子蛋糕。

在歐美影集或電影中，也經常會看到美麗且能幹的女強人大口大口地吃著杯子蛋糕的情景。

其中聚集了最多不同人種的紐約，由於其多樣性，不管是從沒營養的垃圾食物到適合素食主義者的蛋糕，可說是應有盡有。我認為可以依照自己的喜好來自由挑選喜歡的口味，正是紐約甜點的特色。

在紐約也有許多很棒的蛋糕店。

像是在地下鐵的通道旁開著的小小店鋪。以為店內會擺滿令人眼睛一亮的可愛蛋糕，漂亮的玻璃櫥窗內卻擺放著新的包包，而那些包包居然都是蛋糕作的！走在紐約街頭，喜歡甜點的你一定很難移開自己的目光。

Two Little Red Hens的時尚起司蛋糕。

在紐約翠貝卡區發現的高級杯子蛋糕店。

從櫥窗外看還以為是包包，沒想到是蛋糕作成的！

在街角的小咖啡店裡所販賣的簡單樸實的杯子蛋糕。

在日本也很難看見的造型特殊的大蛋糕。

THE CITY BAKERY總是坐滿了人，相當熱鬧。

從材料上來看，像是為了對某些麩質過敏的人而特製的「無麩質」麵粉，在有機糖漿中非常健康的龍舌蘭糖漿等，有各式各樣的甘味劑。因為這些材料以很便宜的價格就能買到，所以意外地有許多吃起來非常健康的杯子蛋糕。

「今天想要開個派對！」在這種時候，就選以可愛的外盒設計聞名的Georgetown Cupcake的蛋糕。「想跟家人一起享用有溫潤口感的蛋糕！」這時就選Two Little Red Hens的蛋糕。連奶蛋都不吃的素食主義者，就選能買到素食杯子蛋糕的babycakes的蛋糕。像這樣，不管是怎樣的人都能買到自己喜歡的杯子蛋糕，這就是紐約杯子蛋糕的魅力！

各位不妨試著親自拜訪一次紐約，找出屬於自己的杯子蛋糕吧！這一定會成為你在紐約旅程中的新發現的。

DOUGHUNT PLANT所販售的素食甜甜圈。這天還看到了有名的女明星呢！

目光被手製風杯子蛋糕上可愛的XO文字給吸住了。

總是人滿為患的Georgetown Cupcake。

The Basics

SECTION

1

♥

杯子蛋糕的
基底蛋糕

在Ciappuccino店長KAZUMI的堅持下所作
出的杯子蛋糕，特徵就是不僅美味，對身
體也很好，還有不管吃多少都不會膩的輕
盈口感。這樣的Ciappuccino杯子蛋糕的基
底蛋糕，在這裡將以就算初次挑戰也不會
失敗，以容易取得的材料，輕鬆就能完成
的作法介紹給大家！

杯子蛋糕的基底蛋糕
有多少種類呢？

因為發源地及歷史的不同，基底蛋糕的種類非常的多。
Ciappuccino店內也備有好幾款基底蛋糕，
本書中將介紹特別受歡迎的幾款基底蛋糕。

COLUMN

分蛋法與全蛋法

海綿蛋糕的製作方法主要分成兩大類：
分蛋法與全蛋法。

分蛋法就是將蛋黃及蛋白分別打發後，
再將兩者合在一起的製作方法。烘烤完
之後感覺會較為蓬鬆，基本上製作戚風
蛋糕都是使用這種方法。

全蛋法就是不將蛋黃與蛋白分開，加入
砂糖後加熱至與人體溫差不多的溫度
後打發。這種方法製作出的蛋糕孔隙較
小，口感較為濕潤綿密，所以適合作成
中間會夾入奶油餡的裝飾性蛋糕。

Chiffon Cake
香草戚風蛋糕 ·····

源自美國的海綿蛋糕之一，使用分蛋法製作的淡黃色基
底蛋糕。因為蛋糕中富含空氣，口感較為鬆軟。而且基
本上沒有使用到奶油，是一款吃起來輕鬆又健康的蛋
糕。加入將蛋白充分打發起泡後所製成的蛋白霜，是這
款蛋糕最大的特徵。

雖然一般都是使用中間有空洞的戚風蛋糕型烤模來烘
烤，但Ciappuccino卻特別將戚風蛋糕使用在杯子蛋糕
的基底上。戚風蛋糕也經常與鮮奶油作搭配。

Chiffon Cocoa Cake
巧克力戚風蛋糕 ·····

在戚風蛋糕裡加入可可粉製作而成的變化版基底蛋糕。
以戚風蛋糕的蓬鬆口感為基礎，再加上巧克力的風味。
在Ciappuccino我們特地選擇加入黑可可粉，讓蛋糕不
管是在顏色或味道上都更有深度。同樣都是以可可粉為
基底的蛋糕，但是和札實濃厚的惡魔巧克力蛋糕相比，
這款蛋糕能讓人享受到輕盈的口感。

紅絲絨蛋糕

紅絲絨蛋糕源自第二次世界大戰中的美國南部。傳說由於當時物資匱乏，只能以現有材料加工，再利用甜菜根染色，紅絲絨蛋糕才就此誕生。

雖然日本人比較不熟悉這款蛋糕，但是在美國相當受歡迎，巧克力口味及深紅色的蛋糕體是這個蛋糕的特徵。和胡蘿蔔蛋糕一樣，一般都是搭配奶油起士糖霜一起食用。

胡蘿蔔蛋糕

在美國，胡蘿蔔蛋糕第一次作為商業用途開始販賣是在1960年代，但實際上胡蘿蔔蛋糕起源於中世紀的歐洲。由於當時甘味劑相當稀有且昂貴，大家便將富含糖分又容易取得的胡蘿蔔用於製作甜點。

現在在美國，這款蛋糕與巧克力蛋糕、起士蛋糕一樣普遍。同時也是經常被用作於生日蛋糕或婚禮蛋糕的人氣蛋糕種類。雖然直接食用就已經相當美味了，但是在蛋糕表層加上奶油起士糖霜的胡蘿蔔蛋糕更是深受大眾喜愛。

惡魔巧克力蛋糕

這款在美國是很常見的巧克力蛋糕，是使用了大量的可可粉及巧克力作出來的深黑色蛋糕。有人說這款蛋糕名字的由來是跟以蛋白製作出來的「天使海綿蛋糕」作對比，但是實際上名字的由來另有其他不同的說法，如「好吃到讓人不惜犯罪也想得到的，有著魔鬼魅力般的蛋糕」、「即使將靈魂賣給惡魔也想要吃到的蛋糕」等。

這款蛋糕的作法基本上不加任何的泡打粉，而是使用蘇打粉作為膨脹劑來製作。因為使用泡打粉會讓蛋糕的顏色變淺。

The Basics

杯子蛋糕的
基底蛋糕

基本款
香草戚風蛋糕

讓我們來試著熟悉最基本的戚風蛋糕的作法吧！
在Ciappuccino會在戚風蛋糕加入香草風味，稱為
「香草戚風」。吃起來輕盈健康的戚風蛋糕，蓬
鬆柔軟的口感是最重要的。加入將蛋白充分打發
起泡後所製成的蛋白霜是製作時的重點。

❤ 前置準備

● 將低筋麵粉與泡打粉混合後備用。
● 烤箱預熱至160℃。

❤ 材料　約6個杯子蛋糕分（蛋素）

材料	份量
蛋黃	2個
砂糖	10g
香草油	少許
蜂蜜	3g
沙拉油	30ml
水	30ml
低筋麵粉	50g
泡打粉	約1/2小茶匙

<蛋白霜用>

材料	份量
蛋白	2個
砂糖	25g

Chiffon Vanilla

使用香草戚風為基底的杯子蛋糕

本書中的「Ciappuccino經典杯子蛋糕」（請見p.46）、「香醋
草莓杯子蛋糕」（請見p.52）、「多重綜合莓杯子蛋糕」（請
見p.56）等杯子蛋糕皆使用香草戚風為基底。

Ciappuccino

Strawberry
Balsamico

Berry-Go-Round

1 將蛋黃、砂糖、香草油混合，以打蛋
器攪拌至發白，呈淡黃色乳霜狀。

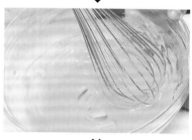

2 在1裡加入水和沙拉油。

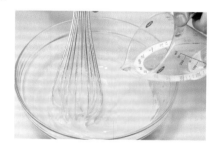

3 製作蛋白霜。
在另一個缽內放入砂糖及蛋白打發至
撈起時會呈針尖狀程度的綿密固體。

4 在2中加入混合好的低筋麵粉和泡打
粉，加入時請過篩，讓空氣進入。
以打蛋器充分混合（要混合至以打蛋
器都難以攪拌的濃稠程度，這樣烘烤
出來的蛋糕才不會容易扁塌）。

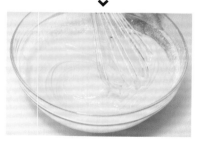

⑤ 在**4**中加入3分之1量的蛋白霜後以打蛋器充分混合。

⑥ 改以矽膠抹刀將剩下的蛋白霜分2至3次加入並充分混合。

⑦ 以抹刀撈起攪拌後的材料，讓材料呈緞帶般落下，像這樣緩慢的重複攪拌，讓材料確實地混合在一起。
如果攪拌不足，材料不夠濃稠，烘烤時蛋糕會塌陷。所以將材料攪拌至以抹刀撈起時會呈緞帶狀緩慢地流落盆內的程度為佳。

⑧ 將攪拌好的材料移入有注入口的容器中。因為材料很濃稠，這種容器比較好倒入模具中。
將材料倒入杯子蛋糕的模具中，倒至約八分滿。

⑨ 放入已預熱至160℃的烤箱中烤20分鐘。

The Basics

杯子蛋糕的
基底蛋糕

香草戚風蛋糕
變化版
巧克力戚風蛋糕

將Ciappuccino的香草戚風蛋糕裡加入可可粉,讓
蛋糕染上可可粉的顏色及香味,所製作出來的就
是巧克力戚風蛋糕。鬆軟的香草戚風結合可可粉
的苦味及甜味所調和出的成熟口感,正是巧克力
戚風蛋糕的特色。

Chiffon Cocoa Cake

♥ 材料 約6個杯子蛋糕分(蛋素)

蛋黃	2個
砂糖	10g
香草油	少許
沙拉油	30ml
水	30ml
低筋麵粉	42g
黑可可粉	4g
可可粉	4g
泡打粉	約1/2小茶匙

<蛋白霜用>

蛋白	2個
砂糖	25g

♥ 製作重點

基本作法和戚風蛋糕一樣。
在將麵粉過篩時加入可可粉就會變
成巧克力戚風蛋糕。
為了讓蛋糕呈現飽和的黑色,製作
時會加將黑可可粉與一般可可粉混
合加入,如果買不到黑可可粉,以
一般的可可粉製作亦可。

使用巧克力戚風為基底的杯子蛋糕

本書中的「黑色小洋裝杯子蛋糕」(請見p.50)、「親親＆抱
抱情人節」(請見p.76)、「復活節彩蛋」(請見p.80)等杯
子蛋糕皆使用巧克力戚風為基底。

Black Dress

XOXO
<Hugs and Kisses>

In the Nest

The Basics

杯子蛋糕的
基底蛋糕

惡魔巧克力蛋糕

這次來挑戰與巧克力戚風蛋糕風味完全不同的惡魔巧克力蛋糕吧！在材料中奢侈地加入融化的巧克力所營造出的札實濃厚風味正是這款蛋糕的特徵。使用巧克力時溫度的掌控也是製作這款蛋糕時的成功關鍵所在。

Devil's Food Cake

使用惡魔巧克力為基底的杯子蛋糕

本書中的「巧克力棉花糖杯子蛋糕」（請見p.34）、「凡爾賽玫瑰杯子蛋糕」（請見p.36）、「繽紛薄荷冰淇淋奶油杯子蛋糕」（請見p.44）等杯子蛋糕皆使用惡魔巧克力為基底

Rocky Road

Versailles Rose

Mint Ice Cream

❤ 前置準備

- 將低筋麵粉、鹽、可可粉、烘焙用小蘇打粉混合備用。
- 烤箱預熱至180℃。
- 奶油先置於室溫下待其軟化。
- 將牛奶與檸檬預先混合備用。

❤ 材料 約6個杯子蛋糕分（蛋奶素）

材料	份量
奶油	45g
砂糖	70g
巧克力	30g
蛋	1個
香草油	少許
低筋麵粉	60g
鹽	1小撮
可可粉	10g
烘焙用小蘇打粉	1小茶匙
牛奶	15ml
檸檬汁	1ml
水	60ml

❤ 製作重點

材料中要加入的水，夏天時請使用常溫水，冬天時請使用接近人體溫度的溫水。

1 將砂糖與奶油以打蛋器攪拌至略呈白色的蓬鬆乳霜狀。

2 將巧克力隔水加熱融化。

3 巧克力放涼後加入1中。此時巧克力要放涼至接近人體體溫的溫度。如果在巧克力溫度還很高時就加入,奶油會融化。

4 將蛋汁、香草油分成3次加入,每次加入都要先拌勻後再加下一次。

5 加入預先混合好的牛奶跟檸檬汁,再確實拌勻。

6 一邊將一半的水慢慢加入一邊攪拌。

7 將混合好的低筋麵粉、鹽、可可粉、小蘇打粉過篩後加入一半,再以塑膠抹刀混合。

8 將剩下的粉類材料加入後繼續攪拌。接著再加入剩下一半的水拌勻。

9 將拌好的材料以湯匙舀入模型中約八分滿。有冰淇淋勺更好。

10 放入已預熱至180℃的烤箱中烤20分鐘。

杯子蛋糕的
基底蛋糕

紅絲絨蛋糕

紅絲絨蛋糕是誕生於美國南部的巧克力風味蛋糕。以前是以甜菜根等天然素材來染色，但這次我們將使用一般蛋糕材料店可以買到的紅色色素來製作。

Red Velvet Cake

使用紅絲絨為基底的杯子蛋糕

本書中的「平安夜」（請見p.98）杯子蛋糕使用紅絲絨為基底。

Christmas Evening

（請見p.98）

♥ 前置準備

- 將低筋麵粉、鹽、可可粉混合備用。
- 烤箱預熱至160℃。
- 奶油先置於室溫下待其軟化。

♥ 材料 約6個杯子蛋糕分（蛋奶素）

牛油	65g
三溫糖	180g
蛋	1個
紅色色素	1大匙
香草油	少許
低筋麵粉	180g
可可粉	8g
鹽	1小撮
烘焙用小蘇打粉	1小茶匙
醋	1小匙
水	140ml

♥ 製作重點

雖然這裡使用了容易顯色的紅色色素，但當然可以使用天然的素材來染色。

只是使用天然素材來著色，有可能會因為素材成分略為不同，而對口感、風味或蛋糕的膨脹程度產生影響。再來，天然素材的顯色程度較低，要呈現出如同照片般的顏色，或許會有點困難。

這款蛋糕的砂糖使用了日本的三溫糖。三溫糖有著白糖所沒有的獨特焦糖風味，其中微微的苦味會讓蛋糕的甜味更有深度。而且像紅絲絨這種顏色較深的蛋糕，在使用上也不用擔心三溫糖帶有顏色的問題。

♥ 作法

① 將砂糖與奶油以打蛋器攪拌至略呈白色的蓬鬆乳霜狀。

② 將蛋汁、香草油、紅色色素分成3次加入，每次加入都要先拌勻後再加下一次。

③ 將混合好的低筋麵粉、鹽、可可粉過篩後加入一半的量，充分攪拌。

④ 一邊將一半的水慢慢加入一邊攪拌。

⑤ 加入剩下的粉類材料，繼續攪拌。

⑥ 再加入剩下的一半水量後拌勻。如果覺得顏色太淡可以在這個步驟調整。由於烘烤過程中顏色會再變淡一點，所以最好先將顏色加重一點。

⑦ 將混合好的醋和蘇打粉加入6中充分攪拌。

⑧ 將作好的材料舀入模型中約9分滿，放入已預熱至160℃的烤箱中烤20分鐘。

The Basics

杯子蛋糕的
基底蛋糕

胡蘿蔔蛋糕

試著來作加入了大量胡蘿蔔及核桃所製成的，口感十足的胡蘿蔔蛋糕吧！這個蛋糕除了作為杯子蛋糕的基底外，烤好後不另作裝飾，直接食用也非常美味。加熱過的材料要不斷地打發直至冷卻是製作這款蛋糕時的重點。

Carrot Cake

▶ 使用胡蘿蔔為基底的杯子蛋糕 ◀

本書中的「紐約經典胡蘿蔔杯子蛋糕」（請見p.58）使用胡蘿蔔為基底。

New York Carrot Cake

♥ 前置準備

● 將低筋麵粉、肉桂粉、烘焙粉、烘焙用小蘇打粉混合備用。
● 烤箱預熱至170℃。
● 將胡蘿蔔刨成絲。

● 將核桃放入160℃的烤箱中烘烤約15分鐘後，放涼切碎。

♥ 材料 約6個杯子蛋糕分（蛋素）

蛋	1個
三溫糖	80g
香草油	少許
鹽	1小撮
沙拉油	90ml
低筋麵粉	70g
烘焙粉	1/2小茶匙
烘焙用小蘇打粉	1/2小茶匙
肉桂粉	1/2小茶匙
胡蘿蔔	60g
核桃	30g

♥ 製作重點

麵糊隔水加熱後到放涼為止的期間，有沒有確實地以打蛋器攪拌打發是最重要的一點。若是沒有讓麵糊好好冷卻，麵糰中含有的氣泡就容易被壓破，麵糊也就容易坍塌，麵糊要是坍塌了，烤出來的蛋糕也會縮小變形。

♥ 作法

1 將蛋、三溫糖、香草油、鹽都放入鋼盆中以小鍋隔水加熱，同時以打蛋器攪拌。在隔水加熱時若是沒有以打蛋器不斷地攪拌，蛋會煮熟凝固。

2 當麵糊的溫度變得比人體溫度略高時，就停止隔水加熱，在麵糊冷卻前打發至呈現白色乳霜狀。這裡使用電動攪拌機會比較輕鬆。

3 加入沙拉油後拌勻。

4 改拿矽膠抹刀，加入刨絲胡蘿蔔和牛奶後，再加入過篩後的低筋麵粉、烘焙粉、肉桂粉後攪拌均勻。

5 攪拌至沒有粉狀顆粒。

6 所有材料都充分攪拌混合後，將麵糊舀入模型中至10分滿，再放入預熱至170℃的烤箱烤20分鐘。

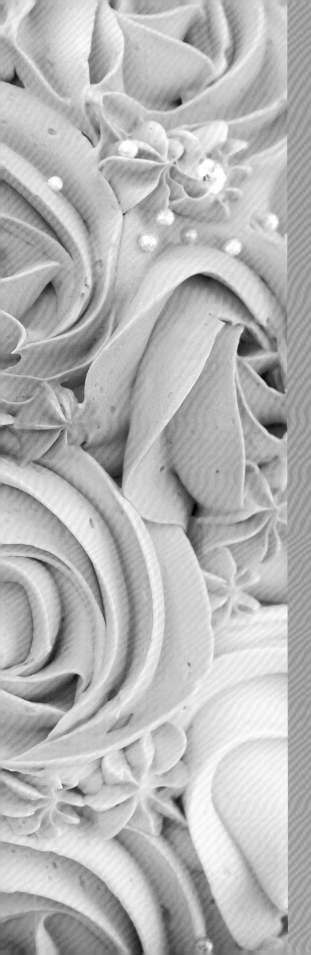

The Creams

SECTION

2

♥

杯子蛋糕的
奶油

包覆住基底蛋糕,並將杯子蛋糕裝飾完成
的正是奶油。基本的奶油有蛋糕奶油及鮮
奶油兩種。只要添加一些不同的材料,就
可以作出各種不同變化的奶油。只要學會
了基礎的作法,接下來就可以隨著個人品
味及喜好自由地作出各式各樣的奶油囉!

使用在杯子蛋糕上的
奶油有幾種？

就算是同樣的基底蛋糕，只要配上不同的奶油，就可以產生無窮的變化，
這正是杯子蛋糕的魅力所在。
這裡為大家介紹經常搭配在杯子蛋糕上的三種代表性奶油。

Butter Cream
蛋糕奶油

添加在蛋糕上至今已超過30年的主流奶油。使用牛油製作，味道實在且具有深度。由於這種奶油非常穩固，所以很適合用在糕點的裝飾上。雖然這種奶油具有濃厚的口感跟香味，但只要加入蛋白霜就能讓口感變得較為輕盈爽口。

另外，Ciappuccino所作的蛋糕奶油沒有加蛋黃，所以吃下後也不會覺得膩。蛋糕奶油與巧克力或堅果類都很搭。

Whipped Cream
鮮奶油

一般來說，現在作蛋糕時整體都是使用這種奶油。

將牛奶中所含的脂肪分離所濃縮製成的生奶油以打蛋器攪拌，作出空氣感十足的蓬鬆鮮奶油，口感相當綿密。鮮奶油可以作出很多變化，尤其是與水果類的搭配效果特別好。在Ciappuccino常會將果醬加入鮮奶油中，或將鮮奶油搭配在加了水果的杯子蛋糕上。

Cream Cheese Frosting
奶油起司糖霜

在美國，提到杯子蛋糕使用的奶油，大部分的人會想到的就是這種奶油起司糖霜。

所謂糖霜，指的就是覆蓋在杯子蛋糕上的奶油基底。奶油起司加上砂糖及牛油所製作出的奶油起司糖霜的口感，令人忍不住上癮。此外，奶油起司糖霜非常適合添加在胡蘿蔔蛋糕及紅絲絨蛋糕上。

The Creams
1
杯子蛋糕的
奶油

基本款蛋糕奶油

一起來作適合作特殊裝飾又美味，跟所有蛋糕都
很搭的萬能蛋糕奶油吧！
能夠熟練地製作蛋糕奶油，杯子蛋糕的變化也會
一下子變得豐富起來。而要將蛋糕奶油作好，確
實地將蛋白霜製作好是重點。

Butter Cream

POINT

瑞士蛋白霜與義大利蛋白霜的不同

加進奶油裡的蛋白霜有很多種，其中最具代表的就是瑞士蛋白霜
與義大利蛋白霜。

將蛋白及砂糖用小鍋隔水加熱所製作出來的蛋白霜稱為「瑞士蛋
白霜」，而加入溫熱的糖漿製作而成的稱為「義大利蛋白霜」。
瑞士蛋白霜是黏度高，安定性強的蛋白霜。而義大利蛋白霜雖然
也有一定的安定性，但吃起來的口感比瑞士蛋白霜更為輕盈爽
口。

要使用蛋糕奶油來作杯子蛋糕時，比較適合加入能夠添增蓬鬆感
的義大利蛋白霜，但是製作義大利蛋白霜的過程中需要使用溫度
計來控制溫度，過程上會比瑞士蛋白霜來的困難，比較適合已經
習慣作甜點的人挑戰。

順道一提，在製作戚風蛋糕時所使用的將蛋白加砂糖打發起泡的
蛋白霜，稱為法式蛋白霜。

使用瑞士蛋白霜的作法

💟 前置準備

● 奶油先置於室溫下待其軟化。

💟 材料 約15個杯子蛋糕分
（蛋奶素）

蛋白	85g
砂糖（蛋白霜用）	70g
奶油	225g

💟 作法

1 奶油攪拌至呈現乳霜狀。

2 製作蛋白霜。將蛋白及砂
糖隔水加熱，同時以打蛋
器充分混合。過程中一定
要不斷的攪拌，不然蛋會
煮熟結塊。

③ 隔水加熱至約50℃後熄火，在還有餘熱的期間把材料打發，作成蛋白霜。以打蛋器或電動攪拌機製作都可以，但手動打發起泡比較花時間，所製作出的蛋白霜也比較容易塌陷，可能請盡量使用電動攪拌機。

④ 將材料確實打發至撈起時會呈針尖狀程度的綿密固體。

⑤ 將作好的蛋白霜分2次加入已經攪拌成乳霜狀的奶油中，每次加入時都要充分攪拌至材料變得柔軟滑順為止。

POINT

隔水加熱

一般説到隔水加熱，大家可能都會認為是在裝著沸騰熱水的鍋中放入較小的鋼盆，但是本書中的隔水加熱就像P.25的照片一樣，使用的鋼盆遠比隔水加熱的鍋子來得大。這是因為如果不這樣作，沸騰的熱水所產生的水蒸氣會進入鋼盆中。

使用義大利蛋白霜的作法

❤ 前置準備

● 奶油先置於室溫下待其軟化。

❤ 材料 約15個杯子蛋糕分
（蛋奶素）

砂糖	75g
水	25ml
蛋白	75g
砂糖（蛋白霜用）	13g
奶油	225g

❤ 作法

① 將奶油攪拌至呈現乳霜狀靜置備用。

② 砂糖和水放入鍋內後不要攪拌直接加熱。如果攪拌了會讓砂糖結晶化，無法煮成糖漿。

③ 將蛋白與砂糖打發至撈起時會呈針尖狀程度的綿密固體。雖然糖漿也是以砂糖製作的，但加入砂糖會讓蛋白霜的製作變得比較容易。

④ 將溫度計放入加熱中的糖漿，等糖漿煮至約118℃後熄火，將蛋白霜從鍋盆邊緣慢慢的分3次加入糖漿中，每次加入都要以打蛋器充分攪拌。

⑤ 將蛋白霜打發至熱度散去。

⑥ 將預先作好的乳霜狀奶油分2次加入，每次加入時都要充分攪拌。

⑦ 充分攪拌至材料變得柔軟滑順為止。

將基本款蛋糕奶油加點創意，
作成各種不同的奶油吧！

Chocolate Cream
巧克力奶油

材料 約6個分（蛋奶素）
蛋糕奶油……………… 100g
巧克力 ……………… 30g

作法
1 將巧克力融化後，放涼至與人體體溫差不多的溫度。
2 在蛋糕奶油中加入融化的巧克力後充分攪拌

製作重點
如果直接加入剛融化的熱巧克力，奶油會軟化，所以請務必要將巧克力放涼至接近人體體溫的溫度後再加入奶油中混合。

Pistachio Cream
開心果奶油

材料 約6個分（蛋奶素）
蛋糕奶油……………… 100g
開心果醬……………… 10g

作法
1 將開心果醬加入蛋糕奶油中充分拌勻即可。

製作重點
市販的開心果醬有分成綠色和咖啡色的，在這裡使用的是綠色的開心果醬。

Peanut Butter Cream
花生奶油

材料 約6個分（蛋奶素）
蛋糕奶油……………… 100g
花生醬 ……………… 60g

作法
1 將花生醬融化至容易攪拌的常溫狀態。
2 在蛋糕奶油中加入花生醬充分拌勻即可。

製作重點
花生醬太硬時，可以微波爐略微加熱，但是要注意花生醬加得太熱，在與奶油混合時，奶油會軟化，所以請勿將花生醬過度加熱。

POINT

奶油軟化時該怎麼辦？

如果奶油軟化，無法漂亮地擠出成型時，可以將奶油放回冰箱略加冷卻。但是冰過頭奶油會變得太硬，所以請視奶油的狀況去攪拌奶油，調整奶油的軟硬度。

The Creams
7
杯子蛋糕的
奶油

基本款鮮奶油

生奶油裡加入砂糖打發至蓬鬆綿密狀的就是鮮奶
油。由於過度打發會讓生奶油與砂糖分離,所以
在製作時請特別注意。

Whipped Cream

♥ 作法

① 將砂糖加入生奶油中。

② 將盆子放在冰水中避免奶油的溫度上
升,打發至撈起時會呈針尖狀程度的
綿密固體後完成。

♥ 材料 約20個杯子蛋糕分(奶素)

乳脂肪38%的生奶油 ………500ml
砂糖 ……………………………… 65g

♥ 製作重點

● 若要加入果醬,先將奶油打發至綿密狀態後再加入果醬拌勻即
可。但太用力攪拌會讓打發的奶油變得過於乾燥,所以攪拌時
請注意力道。

● 因為這是一種對溫度很敏感的奶油,所以請不要把奶油拿出來
後放著不用。如果一直放在常溫下,奶油不僅容易分離,也很容
易變質腐壞。

動手將果醬加入鮮奶油，
作出擁有獨特水果風味的鮮奶油吧！

Strawberry Cream

草莓鮮奶油

Blueberry Cream

藍莓鮮奶油

Cookie Cream

巧克力碎片
鮮奶油

材料 約6個杯子蛋糕分
（奶素）

| 鮮奶油 | 200g |
| 草莓果醬 | 40g |

材料 約6個杯子蛋糕分
（奶素）

| 鮮奶油 | 200g |
| 藍莓果醬 | 40g |

材料 約6個杯子蛋糕分
（奶素）

| 鮮奶油 | 200g |
| 巧克力餅乾 | 30g |

作法

1 將鮮奶油打發至6成左右
的較軟的乳霜狀。

2 加入草莓果醬後，再將鮮
奶油打發至撈起時會呈針
尖狀程度的綿密固體。

3 如果覺得顏色太淡，可加
入少許紅色色素。

作法

1 鮮奶油打發至6成左右的
較軟的乳霜狀。

2 加入藍莓果醬後，再將鮮
奶油打發至撈起時會呈針
尖狀程度的綿密固體。

3 如果覺得顏色太淡，可加
入少許紅色及藍色色素。

作法

1 食物攪拌機將巧克力餅乾
弄碎成粉末狀。或將巧克
力餅乾放入較厚的塑膠袋
中，以擀麵棍敲成碎片。

2 將鮮奶油打發至6成左右
的較軟的乳霜狀。

3 加入巧克力餅乾碎片後，
再將鮮奶油打發至撈起時
會呈針尖狀程度的綿密固
體。

製作重點

如果將鮮奶油一開始就打發
至撈起時會呈針尖狀程度的
綿密固體後才加入果醬，會
攪拌的太多，整個鮮奶油會
變得過於乾燥，所以請在奶
油打發至約6成，呈現柔軟乳
霜狀時加入果醬。

製作重點

和草莓鮮奶油一樣，請注意
加入果醬的時間點。在鮮奶
油還沒有完全打發時加入果
醬是製作的訣竅。

製作重點

請在奶油打發至約6成，呈現
柔軟乳霜狀時加入巧克力餅
乾碎片。

※使用果肉較大塊的果醬時，會無法作成滑順的奶油，思我以請先將果肉搗碎。

奶油起司糖霜

製作奶油起司糖霜的重點就在於蓬鬆感。就算是濃厚的奶油起司，只要有足夠的空氣在內，就可以讓口感變得更加輕盈可口。

Cream Cheese Frosting

❤ 前置準備

● 奶油先置於室溫下待其軟化。

❤ 材料　約20個杯子蛋糕分（奶素）

奶油起司 ·······················250g
糖粉 ···························125g
奶油 ···························125g
香草精 ·······················1/2小匙

❤ 作法

① 奶油起司以微波爐加熱，直到變得柔軟。

② 將奶油攪拌至呈現乳霜狀。

③ 將奶油起司與糖粉混合。

④ 以打蛋器攪拌至沒有結塊或粉狀感。

⑤ 在攪拌成乳膏狀的奶油裡加入1小茶匙香草精，接著以打蛋器混合攪拌至呈乳白奶霜狀。以電動攪拌機會比使以手動來得容易製作出柔滑且具有蓬鬆感的糖霜。

以這些道具來製作！

使用一些可愛的工具製作專屬的杯子蛋糕，會讓蛋糕的製作過程更加有趣。
在這裡要為大家介紹製作杯子蛋糕時所需要的一些基本工具。

削起司器
使用起司或胡蘿蔔等要刨削的
材料時使用。

缽
混合材料時使用。請預先準備好
大小尺寸的兩個，會比較方便。

電動攪拌器（手提式
或桌上型的都可以）
沒有電動攪拌器也沒
有關係，若有會讓製
作上更有效率，也更
容易成功。特別推薦
初次挑戰作蛋糕的初
學者使用。

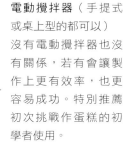

打蛋器
打散奶油或要將奶油打
發時使用。

塑膠抹刀
混合攪拌材料及撈取奶
油時使用。

粉篩
製作蛋糕時
使用。

紙杯模型
烘烤蛋糕時使用。可以選擇
自己喜歡的圖樣與花色。

馬芬模型
烘烤蛋糕時使用。在本書中是使用底部直徑約5cm的模
型。特別推薦容易清理，不易沾污的鐵氟龍加工模型。

擠奶油時所需的擠花嘴

裝飾杯子蛋糕時就會需要擠花袋及擠花嘴。在此介
紹兩種經常使用的擠花嘴。

圓形擠花嘴

要將奶油圓圓胖胖地擠在蛋
糕上時使用。本書中所使用
的是奶油出口尖端部分為直
徑 1 cm 及 1.5cm
的擠花嘴。

星形擠花嘴

可以將奶油擠的像美乃滋一樣有稜
有角。在本書中所使用的星形擠花嘴
總共有五種，但大家可以依照自
己的喜好選擇口徑更細的擠花
嘴。基本上擠奶油的方式就
是像畫圓一樣，擠1圈或2
圈奶油。

Ciappuccino's Cakes

SECTION

3

♥

動手製作Ciappuccino
杯子蛋糕

色彩繽紛、小巧可愛的Ciappuccino杯子蛋糕，非常適合在輕鬆的派對上食用，或當作送給朋友的小禮物。這裡將為大家介紹如何簡單地作出在Ciappuccino店裡大受好評的杯子蛋糕。讓我們來挑戰這些令人憧憬的杯子蛋糕吧！

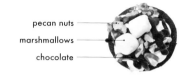

pecan nuts
marshmallows
chocolate

Ciappuccino's
Cakes
Rocky Road

巧克力棉花糖杯子蛋糕
Rocky Road

英文直譯的意思是「充滿岩石的道路」。

這款蛋糕正如其名，在巧克力上撒滿了棉花糖及切碎核桃所表現的岩石。

這正是美國最經典的杯子蛋糕。

而Ciappuccino另外加入自己的創意，以奶油更加強調出凹凸不平的感覺。

材料 約6個分（蛋奶素）

惡魔巧克力蛋糕（p.16）
.... 6個

蛋糕奶油（p.24）
.... 150g

巧克力 20g

裝飾用的核桃 20g

※先以160℃的烤箱中烤10分
鐘，放涼後切碎備用。

棉花糖 12個

作法

1 製作惡魔巧克力蛋糕。

2 製作蛋糕奶油。

3 將蛋糕奶油裝入裝著直徑1cm大小的圓型擠花嘴的擠花袋中，在蛋糕上擠出15個1cm大小的圓球狀，讓這些圓球堆積成小山型。

4 融化後的巧克力放入紙捲擠花袋中（作法請見p.49），將擠花袋的尖端垂直剪掉5mm左右，像是從上往下滴落般的擠上融化後的巧克力。

5 在巧克力冷卻固定前，撒上切碎的核桃，最後放上棉花糖即完成。

裝飾重點

♥ 將紙捲擠花袋的口開得比較大，巧克力擠出時就不會呈細線狀而會自然垂滴下來，感覺會比較可愛。

如果使用彩色的棉花糖
來裝飾，感覺會更活潑可
愛。如果沒有比較小的棉
花糖時，可以將較大的棉
花糖切成1cm左右的塊狀
來作為替代品。

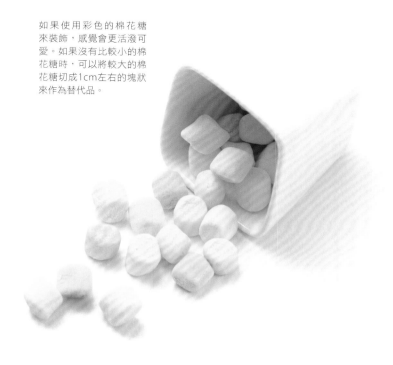

Ciappuccino's
Cakes
Versailles Rose

chocolate cream
rose cream
pistachio cream

Ciappuccino's
Cakes
Versailles Rose

凡爾賽玫瑰杯子蛋糕
Versailles Rose

盛開在巧克力奶油上的一朵玫瑰。
試著挑戰製作上有些困難的奶油玫瑰花吧！
在玫瑰部分的奶油中加入玫瑰花香精，不僅能享受玫瑰的香氣，
也讓整個蛋糕感覺纖細又優雅。

材料　約6個分（蛋奶素）

惡魔巧克力蛋糕（p.16）
.... 6個

蛋糕奶油（p.24）
.... 200g
巧克力 30g
開心果醬 5g
玫瑰花香精 .... 適量
紅色色素 .... 適量

作法

1　製作惡魔巧克力蛋糕。

2　製作蛋糕奶油。在蛋糕奶油100g中加入30g融化的巧克力，作成巧克力奶油（作法見p.27）。

3　在蛋糕奶油50g中加入開心果醬5g，作成開心果奶油（作法請見p.27）。〈用於玫瑰花瓣及藤蔓上〉

4　在蛋糕奶油裡加入適量玫瑰花香精及紅色色素，作成玫瑰奶油。<製作玫瑰花用>

5　在裝有星形奶油花嘴的擠花袋中放入巧克力奶油，在蛋糕上擠2圈奶油。

6　以玫瑰奶油製作奶油玫瑰花（參考照片）。

7　將擠好的奶油玫瑰花放到巧克力奶油上。

8　將開心果奶油放入紙捲擠花袋中（作法請見p.49），作出玫瑰花藤蔓。

9　將紙捲擠花袋的尖端剪開後，作出玫瑰花葉。

裝飾重點

♥　玫瑰奶油量如果太少就不容易擠出成型，所以請多作一點備用。

♥　如果無法取得綠色的開心果醬，以抹茶代替亦可。

COLUMN

奶油玫瑰花作法

1　這邊使用一種叫作「玫瑰擠花嘴」的擠花嘴，可以將奶油擠成像花瓣般一片片地扁平狀。左手拿著的是叫作花釘的台座工具。迴轉花釘台座，先作出玫瑰花的基底花芯。再繼續迴轉花釘台座，以像是包覆著花蕊的感覺，一片一片的從內側往外側作出玫瑰花瓣。

2　作出4至5片玫瑰花瓣後，小心地以刀子尖端或扁平的板子將玫瑰花移放到奶油上。

3　將開心果奶油放入紙捲擠花袋中，首先先描繪出細的藤蔓部分。接著將紙捲擠花袋的尖端部分從兩側斜切，讓尖端部分變得像刀尖一樣，再擠出大塊的奶油，作出玫瑰花葉。

Ciappuccino's
Cakes
Raspberry
Pistachio

chocolate
pistachio

Ciappuccino's
Cakes
Raspberry
Pistachio

覆盆子＋開心果的雙層杯子蛋糕
Raspberry Pistachio

以粉紅色的覆盆子搭配上鮮綠色的開心果，是一款色彩鮮艷的杯子蛋糕。
略帶酸味的覆盆子與有著香醇堅果味的開心果搭配起來相當美味。

材料　約6個分（蛋奶素）

香草戚風蛋糕（p.12）
.... 6個

鮮奶油（p.28）
.... 200g
覆盆子果醬 20g
開心果醬 10g
開心果（塊狀）.......................... 15g
裝飾用白巧克力......................... 20g
巧克力用紅色色素 .... 適量

作法

〈製作裝飾用巧克力〉

1 將裝飾用的白巧克力融化，再用巧克力專用的紅色色素將巧克力染成粉紅色。

2 將粉紅色的巧克力裝入紙捲擠花袋中（作法請見p.49），將擠花袋的尖端垂直剪掉1mm左右，在烤盤紙上隨意擠出直徑約1cm的漩渦狀的巧克力片作為裝飾用。

3 製作香草戚風蛋糕。

4 製作鮮奶油。

5 在鮮奶油100g中加入覆盆子果醬，作成覆盆子奶油。

6 在鮮奶油100g中加入開心果醬，作成開心果奶油。

7 在裝有星形擠花嘴的擠花袋中放入覆盆子奶油，在蛋糕上擠1圈奶油。

8 在裝有星形擠花嘴的擠花袋中放入開心果奶油，在覆盆子奶油上再擠1圈奶油。

9 撒上切碎的開心果後插入預先作好的巧克力片作裝飾。

裝飾重點

♥ 若是會在意覆盆子的顆粒，可以將覆盆子先磨細，或使用覆盆子果泥來製作，奶油會變得比較滑順。

♥ 市售的開心果醬有綠色及咖啡色的兩種，在此使用的是綠色的。

Ciappuccino's
Cakes
Cookies & Cream

冰炫風巧克力杯子蛋糕
Cookies & Cream

冰淇淋中常見的「冰炫風巧克力」口味。

將有著可可香味的巧克力夾心餅乾，加進大量的奶油中。

簡單卻吃不膩，是大家最喜愛的口味。

材料 約6個分（蛋奶素）

惡魔巧克力蛋糕（p.16）
.... 6個

鮮奶油（p.28）
.... 100g

敲碎的巧克力餅乾 15g

迷你尺寸的巧克力夾心餅乾
.... 6個

作法

〈製作裝飾用巧克力〉

1 製作惡魔巧克力蛋糕。

2 製作鮮奶油。

3 在鮮奶油100g中加入敲碎的巧克力餅乾，作出巧克力碎片奶油
（作法請見p.29）。

4 將巧克力碎片奶油放入裝有星形擠花嘴的擠花袋中，在蛋糕上
擠1圈奶油。

5 放上迷你巧克力夾心餅乾作裝飾。

裝飾重點

♥ 如果攪拌太多次，奶油會變得黑黑的，所以請減少攪拌的次數，
盡量快速的攪拌完成。

最後作為裝飾的迷你巧
克力夾心餅乾，在一般
超市都可以買得到。

jelly

nuts

Ciappuccino's
Cakes
Peanut Butter
& Jelly

花生醬&果醬杯子蛋糕
Peanut Butter & Jelly

說起美國小朋友最喜歡的食物，
就是「花生醬加果醬三明治」。
所以Ciappuccino把這個經典的口味給作成杯子蛋糕了。
選用自己喜歡的果醬來製作也很有趣喔！

材料 約6個分（蛋奶素）

惡魔巧克力蛋糕（**p.16**）
————————————— 6個

蛋糕奶油（**p.24**）
————————————— 00g

花生醬 ————————————— 60g
果醬 ————————————— 20g
裝飾用的花生 ————————— 15g
（在160℃的烤箱中烤10分鐘，
冷卻後切碎備用）

作法

〈製作裝飾用巧克力〉

1 製作惡魔巧克力蛋糕。

2 製作蛋糕奶油。

3 在蛋糕奶油100g中加入花生醬60g，作成花生醬奶油。

4 在裝有較細星形擠花嘴的擠花袋中放入花生醬奶油，在蛋糕上擠4圈奶油。

5 將果醬放入紙捲擠花袋中（作法請見p.49）。將擠花袋尖端垂直剪掉5mm左右，像是從上往下滴落般的擠上果醬。

6 撒上切碎的花生作裝飾。

裝飾重點

♥ 果醬比較稀的情況，可以將果醬先稍微煮過，就會變得比較濃稠。

♥ 花生事先切碎準備好也OK。

果醬可以自行選擇喜愛
的口味。Ciappuccino
使用的是有機果醬。因
為沒有使用人工香料，
味道很柔和。

Ciappuccino's
Cakes
Mint Ice Cream

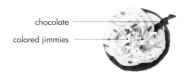
繽紛薄荷冰淇淋奶油杯子蛋糕
Mint Ice Cream

在薄荷巧克力口味的奶油上撒上色彩繽紛的彩色巧克力糖粒，
不知道為什麼就讓人覺得像是清涼的冰淇淋一樣。
而在Ciappuccino店內特別加上了螺旋巧克力條，
作出像是將湯匙插在冰淇淋上般的裝飾。

材料 約6個分（蛋奶素）

惡魔巧克力蛋糕（p.16）
.... 6個

蛋糕奶油（p.24）
.... 100g

巧克力 15g
薄荷油 .... 適量
彩色巧克力糖粒 20g
螺旋巧克力條 6條

作法

1　製作惡魔巧克力蛋糕。
2　製作蛋糕奶油。
3　在蛋糕奶油100g裡加入適量的薄荷油及切碎的巧克力，作成薄荷巧克力奶油。
4　在裝有星形擠花嘴的擠花袋中放入薄荷巧克力奶油，在蛋糕上擠2圈奶油。
5　撒上彩色巧克力糖粒。
6　插上螺旋巧克力條。

裝飾重點

♥　切碎的巧克力容易塞在擠花嘴中，如果塞住的時候稍微清一下擠花嘴就可以了。
♥　螺旋巧克力條可以市面上販售的巧克力棒來代替。

COLUMN

何謂彩色巧克力糖粒（colored jimmies）？

所謂的彩色巧克力糖粒，是一種裝飾或點綴糕點時用的巧克力，
色彩繽紛，呈約5mm左右的小圓柱狀。
除了杯子蛋糕之外，也常被用在冰淇淋或餅乾的裝飾上。

Ciappuccino經典杯子蛋糕

Ciappuccino

直接以店名來命名的這個蛋糕，
正是最具有Ciappuccino這家店代表性的杯子蛋糕。
而這個蛋糕口味最特別之處，就是加在上面的自家製「鹹奶油焦糖醬」。
Ciappuccino的祕傳食譜，要在這裡偷偷告訴你！

材料 約6個分（蛋奶素）

香草戚風蛋糕（p.12）

.... 6個

鮮奶油（p.28）

.... 200g

鹹奶油焦糖醬（p.48） 20g
信封狀巧克力 .... 6 片

作法

1 製作香草戚風蛋糕。

2 製作鮮奶油。

3 在裝有星形擠花嘴的擠花袋中放入鮮奶油，在蛋糕上擠2圈奶油。

4 將鹹奶油焦糖醬（作法請見p.48）放入紙捲擠花袋中（作法請見p.49），將擠花袋的尖端垂直剪掉1mm左右，將焦糖醬像是畫格子般的淋在鮮奶油上。

裝飾重點

♥ 在Ciappuccino店內是使用自創的信封狀巧克力來裝飾，但什麼都不裝飾，或以自己喜愛的彩色糖粒（請見p.79）來裝飾也OK！

Ciappuccino自創的信封狀巧克力。只要裝飾上這個巧克力，整個糕點的印象就會改變喔！

3

將奶油擠得像是要溢出蛋糕一樣。擠在上面的第二圈奶油比第一圈更小一點，會讓杯子蛋糕整體的平衡感比較好。

4

請將紙捲擠花袋的尖端剪開一點點，然後將鹹奶油焦糖醬像是畫格子般的淋在鮮奶油上。

鹹奶油焦糖醬

材料 約600ml分（奶素）

砂糖 ·························· 220g
水 ···························· 55ml
鮮奶油 ······················ 300ml
奶油 ························· 30g
鹽 ···························· 4g

上記為方便製作的份量。實際上使
用時不會用到這麼多，可以事先作
好備用。

② 將溫熱的鮮奶油300ml慢慢的加入鍋內。
※請小心濺起的焦糖。

① 將砂糖220g及水55ml放入鍋內加熱，
煮焦至變成咖啡色。

③ 熄火後加入奶油30g及給宏德海鹽*4g，
充分攪拌至醬料變得如圖一般柔滑後
放涼即可。

POINT

什麼是給宏德海鹽？

給宏德海鹽是在法國西海岸布列塔尼地
方的給宏德鹽田所生產的海鹽。

9世紀以來，製鹽師傅承襲古法，堅持採
運用太陽與風力，慢慢的等海水結晶成
鹽，再以手工採收，製作成充滿著美妙
自然風味的海鹽。這種海鹽在法國知名
主廚間一直有著極高的評價。

給宏德海鹽的特徵是除了氯化鈉以外還
包含了許多的礦物質，特別是氧化鎂。

給宏德海鹽是在安穩的大西洋的風與太
陽中，緩慢的結晶化而成，因為結晶化
的時間很長，可以吸取更多的礦物質。
而這些礦物質正是給宏德海鹽美味的關
鍵。

雖然可以用一般食鹽來製作鹹奶油焦糖
醬，但添加了給宏德海鹽所作出來的焦
糖醬美味度跟一般食鹽的完全不同，有
機會請務必以給宏德海鹽來作作看。

紙捲擠花袋就如同字面上的意思，是將紙張捲成動物的「角」的形狀，特別是指自己以紙製成的擠花袋。這種擠花袋比起布製與金屬擠花嘴的組合，更能擠出細線狀，所以很適合用在擠焦糖醬等，需要畫出纖細的花樣時使用。開口的切割方式會影響到擠出來的形狀和份量。

① 以烤盤紙來製作。從長方形的烤盤紙兩邊斜對角各往內側5cm的位置，以剪刀沿線切開。

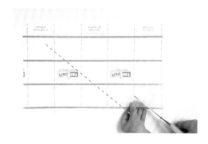

② 裁切後的樣子。像是直角三角形的其中一個角變成平的的感覺。

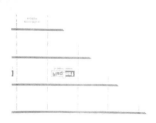

③ 從三角形的角變成平的那一邊，以最長直線（碰到三角形底邊之處）的正中間為支點開始捲。

④ 捲完後的樣子。這時尖端部分還是牢牢的閉合著。

⑤ 將擠花袋上部捲好的部分往內側折入固定。

⑥ 完成後的樣子。這時即使鬆手，整個擠花袋的形狀還是穩固的尖角狀。
要使用時再將尖端部分以剪刀垂直剪開。裁剪的位置可依據使用的大小或份量來調整。

黑色小洋裝杯子蛋糕
Black Dress

將純白的鮮奶油
裹上純黑的巧克力，
就像是穿著黑色小洋裝的貴婦剪影。
最後裝飾上的海鹽結晶能夠提昇整體的口味。

材料 約6個分（蛋奶素）

巧克力戚風蛋糕（p.15）
.... 6個

鮮奶油（p.28）
.... 200g

巧克力 100g

黑巧克力 20g

沙拉油 10ml

金字塔海鹽 6粒

Ciappuccino使用的是一種
叫作「金字塔海鹽」的三角
錐狀的鹽。如果買不到金
字塔海鹽，可以結晶鹽來取
代。

作法

1 製作巧克力戚風蛋糕。

2 製作鮮奶油。

3 在裝有星形擠花嘴的擠花袋中放入鮮奶油，在蛋糕上擠2圈奶
油，放入冷凍庫。

4 在隔水加熱融化的巧克力裡加入黑巧克力及沙拉油後充分攪
拌，仔細磨碎所有顆粒，作成外層裝飾用的黑巧克力醬。

5 奶油結凍後，維持在結凍的狀態下，裹上裝飾用的黑巧克力。

6 小心不要讓裹上的巧克力滴落，最後在巧克力凝固前放上鹽的
結晶。

裝飾重點

♥ 裝飾後的巧克力代表的就是黑色小洋裝。閃耀著光芒的鹽結晶
代表著鑽石。以整個杯子蛋糕的造型來呈現成熟女性風格的簡
單又時髦的搭配。

將在冷凍庫中結凍的杯子蛋
糕倒著拿，以奶油部分沾取
融化的黑巧克力。

奶油部分都裹上巧克力後，
為了避免拿來之後巧克力
滴落，拿起來前務必稍作停
頓，讓多餘的巧克力滴完。

等巧克力稍微變硬，但又還
沒完全凝固前，在頂端放上
金字塔海鹽。

strawberry flakes
balsamico sauce

Ciappuccino's
Cakes
Strawberry
Balsamico

香醋草莓杯子蛋糕
Strawberry Balsamico

沒想到香醋也能添加在杯子蛋糕中，
這可能會令人有點驚訝，但香醋和蛋糕其實是很搭的喔！
草莓的酸味與香醋的酸味互相提襯，
是個令人感覺清爽又成熟的口味。

材料　約6個分（蛋奶素）

香草戚風蛋糕（p.12）

―――――――――――――― 6個

鮮奶油（p.28）

―――――――――――――― 200g

香醋 ――――――――――― 50ml

砂糖 ――――――――――― 10g

玉米粉 ―――――――――― 5g

草莓乾 ―――――――――― 18粒

作法

1　製作香草戚風蛋糕。

2　將香醋、砂糖、玉米粉以中火煮5分鐘後放涼，作成香醋醬。

3　製作鮮奶油。

4　在鮮奶油200g裡加入10g步驟**2**的香醋醬，作成香醋奶油。

5　在裝有星形擠花嘴的擠花袋中放入香醋奶油，在蛋糕上擠2圈奶油。

6　將香醋醬放入紙捲擠花袋中，將擠花袋尖端部分垂直剪掉5mm左右，像是從上往下滴落般的淋上醬汁。

7　最後在頂端放上3粒草莓乾作裝飾。

裝飾重點

♥　上述的香醋醬的作法，是以方便製作的量為準。實際上會使用到的量很少，剩下來的香醋醬不管是用於肉類料理或沙拉上，也都很美味喔！

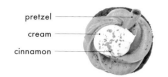

pretzel
cream
cinnamon

Ciappuccino's
Cakes
Cappuccino

卡布奇諾杯子蛋糕

Cappuccino

在略苦的咖啡風味奶油上撒上肉桂粉，
就完成了這個專為成熟大人所製作的卡布奇諾杯子蛋糕。
白色的奶油是卡布奇諾的奶泡，
而巧克力捲心棒則是卡布奇諾中的肉桂棒。

材料 約6個分（蛋奶素）

惡魔巧克力蛋糕（p.16）

　　　　　　　　　　　　　　　　6個

蛋糕奶油（p.24）

　　　　　　　　　　　　　　　100g
即溶咖啡　　　　　　　　　　1小匙
熱水　　　　　　　　　　　　1小匙
肉桂粉　　　　　　　　　　　適量
巧克力捲心棒　　　　　　　　2根

作法

1　製作惡魔巧克力蛋糕。
2　製作蛋糕奶油。
3　將即溶咖啡以熱水泡開後與蛋糕奶油80g混合，作成咖啡奶油。
4　在裝有星形擠花嘴的擠花袋中放入咖啡奶油，在蛋糕上擠1圈奶油。
5　在裝有直徑1.5cm圓形擠花嘴的擠花袋中放入剩下的蛋糕奶油，在咖啡奶油上擠出一個尾端有尖角的圓球狀（參考p.61甜蜜蜜杯子蛋糕的蜜蜂裝飾作法）
6　撒上肉桂粉。
7　將折成3cm的巧克力捲心棒插入奶油中裝飾。

裝飾重點

♥　避免撒上過多肉桂粉，請以手指頭抓一小撮慢慢撒上，就可以將肉桂粉漂亮地撒上了。

strawberry cream
blueberry cream
raspberry flakes

Ciappuccino's
Cakes
Berry-Go-Round

多重綜合莓杯子蛋糕
Berry-Go-Round

使用了大量的草莓、覆盆莓、藍莓，
是一款吃起來酸酸甜甜的杯子蛋糕。
三種莓果的滋味就像漸層的漩渦，
有如旋轉木馬般，令人充滿雀躍的心情。

材料 約6個分（蛋奶素）

香草戚風蛋糕（p.16）
6個

鮮奶油（p.28）
200g
草莓果醬 20g
藍莓果醬 20g
覆盆莓乾 5g

作法

1 製作香草戚風蛋糕。

2 製作鮮奶油。

3 在鮮奶油100g裡加入草莓果醬，作成草莓奶油（作法請見P.29）。

4 在鮮奶油100g裡加入藍莓果醬，作成藍莓奶油（作法請見P.29）。

5 在裝有星形擠花嘴的擠花袋中放入草莓奶油，在蛋糕上擠1圈奶油。

6 在裝有星形擠花嘴的擠花袋中放入藍莓奶油，在草莓奶油上擠1圈。

7 最後撒上覆盆莓乾。

裝飾重點

♥ 奶油的顏色較淡時，草莓奶油裡可以加入紅色色素，藍莓奶油裡可以加入紅色與藍色的色素來調整。

草莓奶油及藍莓奶油的作法，基本上就是在鮮奶油中加入自己喜歡的果醬，就可以作出自己喜愛的果醬奶油（作法請見P.29）。圖示是Ciappuccinon使用的有機草莓果醬及藍莓果醬。

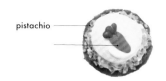

紐約經典胡蘿蔔杯子蛋糕
New York Carrot Cake

在美國最流行的就是胡蘿蔔蛋糕。
而紐約客最喜歡的吃法就是胡蘿蔔蛋糕配上奶油起司糖霜。
口味溫和甜美的胡蘿蔔蛋糕與帶著酸味的奶油起司糖霜，
可以說是最完美的組合。

材料　約6個分（蛋奶素）

胡蘿蔔蛋糕（p.20）
―――――――――――――――― 6個

奶油起司糖霜（p.30）
―――――――――――――――― 200g

開心果（預先切碎備用）
―――――――――――――――― 20g

裝飾用白巧克力―――――― 20g
巧克力用紅色色素 ―――― 適量
巧克力用黃色色素 ―――― 適量
巧克力用綠色色素 ―――― 適量

作法

〈裝飾用胡蘿蔔〉

1 將裝飾用白巧克力隔水加熱融化後，一半以巧克力用紅色色素及黃色色素染成橘色，另一半以綠色色素染成綠色。

2 將巧克力醬放入紙捲擠花袋中（作法請見p.49），將擠花袋的尖端剪掉1mm左右，在烤盤紙上擠出胡蘿蔔的形狀，作成裝飾用的巧克力。

3 製作胡蘿蔔蛋糕。

4 製作奶油起司糖霜。

5 在裝有直徑1.5cm圓形擠花嘴的擠花袋中放入奶油起司糖霜，在蛋糕上擠1個圓形球狀。

6 在奶油的周圍撒上切碎的開心果。

7 在原本的奶油球上再擠一個奶油球。

8 在頂端上裝飾上巧克力胡蘿蔔。

裝飾重點

♥ 可以事先將開心果切碎。

COLUMN

製作裝飾用的胡蘿蔔

1 將紙捲擠花袋的尖端部分垂直剪開，作出細細的開口，然後在作好的紙捲擠花袋中放入上好色的橘色巧克力醬，接著在烘焙紙上擠出一條長約1cm的巧克力醬。擠的時候注意前端較粗尾端較細，作出胡蘿蔔的形狀。

2 將染成綠色的巧克力醬裝入另一個紙捲擠花袋中，作出葉子。

3 可以多作一點再選擇其中形狀比較漂亮的幾個來作裝飾。將作好的胡蘿蔔放入冰箱冷凍，最後再放在杯子蛋糕上。

mango flakes
chocolate
honey cream
sliced almond

Ciappuccino's
Cakes
Honey Bee

甜蜜蜜杯子蛋糕
Honey Bee

清爽的黃色檸檬奶油上，加上一隻輕巧的蜂蜜奶油蜜蜂，
看起來就好像一隻蜜蜂正停在花上。
雖然要裝上翅膀又要畫出蜜蜂身上的紋路，是有點費工，
但作成的杯子蛋糕超可愛的喔！

材料　約6個分（蛋奶素）

香草戚風蛋糕（p.12）
.... 6個

蛋糕奶油（p.24）
.... 100g
檸檬汁 5ml
檸檬皮碎片 1/4個份
黃色色素 .... 適量
蜂蜜 2g
杏仁片 12片
（在160℃的烤箱中烤10分鐘後
放涼切碎備用）
巧克力 10g
芒果乾 5g

作法

1 製作香草戚風蛋糕。
2 製作鮮奶油。
3 在蛋糕奶油80g裡加入檸檬汁及檸檬皮碎片、黃色色素，作成檸檬奶油。
4 在蛋糕奶油20g裡加入蜂蜜，作成蜂蜜奶油。
5 在裝有星形擠花嘴的擠花袋中放入檸檬奶油，在戚風蛋糕上擠1圈奶油。
6 在裝有直徑1cm圓形擠花嘴的擠花袋中放入蜂蜜奶油，擠出一個尾端有尖角的圓球狀。。
7 將融化的巧克力放入紙捲擠花袋中，將擠花袋的尖端垂直剪掉1mm左右，在蜂蜜奶油上擠出蜜蜂身上的咖啡色紋路。
8 撒上芒果乾。
9 將兩片杏仁片像翅膀一樣插在奶油兩側。

裝飾重點

♥ 因為蜜蜂身上的咖啡色紋路要盡可能畫細，所以將紙捲擠花袋的尖端部分切小口，再在蜂蜜奶油上畫出蜜蜂身上的咖啡紋路。

COLUMN

「蜜蜂裝飾」的製作方法

1 等香草戚風蛋糕烤好。
2 將檸檬奶油放入裝有星形擠花嘴的擠花袋中，在蛋糕上擠1圈奶油。
3 在檸檬奶油上用裝有圓形擠花嘴的擠花袋，擠出約1cm大小的奶油，奶油前端呈圓形，再順著在尾端拉出細細的尖角狀。最後慢慢地放鬆手部擠奶油的力氣，在要結束時將奶油尾端拉起至奶油中心位置部分，這樣就能擠出漂亮的形狀。

Ciappuccino's
Cakes
Strawberry
Cheesecake

strawberry
cream cheese frosting

chocolate

Ciappuccino's
Cakes
Strawberry
Cheesecake

草莓起司杯子蛋糕
Strawberry Cheesecake

酸酸甜甜的草莓配上奶油起司糖霜，
白色與粉紅色組合成了色彩粉嫩的杯子蛋糕。
裝飾的巧克力也以白色與粉紅色來製作，
徹底地作出可愛的感覺。

材料 約6個分（蛋奶素）

香草戚風蛋糕（p.12）
.... 6個

奶油起司糖霜（p.30）
.... 200g
草莓果醬 20g
裝飾用白巧克力 20g
巧克力用紅色色素 .... 適量

作法

〈製作裝飾用巧克力〉

1 隔水加熱融化裝飾用的白巧克力，再用巧克力專用的紅色色素將
一半的巧克力染成粉紅色。

2 將粉紅色巧克力裝入紙捲擠花袋中，將擠花袋的尖端垂直剪掉
1mm左右，在烤盤紙上隨意擠出一個圓形。

3 等到粉紅色巧克力凝固後，將白色的巧克力裝入紙捲擠花袋中，
將擠花袋的尖端垂直剪掉1mm左右，在粉紅色巧克力上畫出漩
渦紋路，預先作好裝飾用的巧克力。

4 製作香草戚風蛋糕。

5 製作奶油起司糖霜。

6 在奶油起司糖霜100g裡加入草莓果醬，製作草莓奶油起司糖
霜。

7 在裝有直徑1.5cm圓形擠花嘴的擠花袋中放入草莓奶油起司糖
霜，在蛋糕上擠出一個圓形狀奶油球。

8 以同樣的擠花袋裡放入奶油起司糖霜，在草莓奶油起司糖霜上
在擠出一個奶油球。

9 最後擺上預先作好的粉紅色巧克力裝飾。

裝飾重點

♥ 如果覺得只加果醬不夠顯色，亦可加入一些紅色色素增添色
彩。

Ciappuccino's
Cakes
Love & Peace

chocolate mint cream
lemon cream
sprinkles
colored sugar

Ciappuccino's
Cakes
Love & Peace

LOVE&PEACE薄荷檸檬杯子蛋糕

Love & Peace

代表微笑標誌的黃色及自然樸實的薄荷綠，
再加上一顆白色的愛心糖粒，就成了一個非常可愛的杯子蛋糕。
因為使用了蜂蜜及薄荷冰淇淋兩種口味的奶油，
非常適合在這兩種奶油有多剩下來時，作這個組合蛋糕喔！

材料　約6個分（蛋奶素）

香草戚風蛋糕（p.12）
———————————————————— 6個

蛋糕奶油（p.24）
———————————————————— 100g
巧克力 ———————————————— 15g
薄荷油 ———————————————— 適量
檸檬汁 ———————————————— 3ml
檸檬皮碎屑 ——————————— 1/8個
黃色色素 ———————————————— 適量
心形彩色糖粒 ————————————— 6片
藍色彩色晶糖 ————————————— 10g

*1
彩色糖粒請見p.79。

作法

1　製作香草戚風蛋糕。
2　製作蛋糕奶油。
3　製作薄荷巧克力奶油（蛋糕奶油50g裡加入適量薄荷油及用食物調理機絞碎後的巧克力）。
4　製作檸檬奶油（蛋糕奶油50g裡加入檸檬汁與檸檬皮屑、黃色色素）。
5　以裝有1.5cm圓形金屬擠花嘴的擠花袋，放入薄荷巧克力奶油後在蛋糕上擠出圓形奶油。
6　用同樣的金屬擠花嘴裝上不同的擠花袋後放入檸檬奶油，在剛剛的薄荷巧克力奶油上再擠一個圓形奶油。
7　最後裝飾上彩色晶糖及心形糖粒。

裝飾重點

♥　盡量不要去擠壓到奶油，將奶油蓬鬆的裝飾在蛋糕上。
♥　將彩色晶糖換成其他不同色的糖粒，作出不一樣的裝飾感也OK喔！

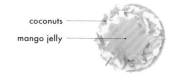
椰子芒果杯子蛋糕
Coconut Mango

在椰子奶油上放上芒果果凍，
就可以作出充滿熱帶風味的杯子蛋糕。
烤過的椰子果肉和芒果果凍的嫩Q口感，
可同時體會不同的味覺感受。

材料 約6個分（蛋奶素）

香草戚風蛋糕（p.12）

―――――――――――――― 6個

鮮奶油（p.28）

―――――――――――――― 200g

芒果汁 ―――――――――― 100ml

水 ――――――――――――― 100ml

洋菜*1 ――――――――――― 10g

砂糖 ――――――――――――― 30g

椰子粉 ―――――――――――― 20g

椰子乾*2 ―――――――――― 20g

（在160℃的烤箱中烤10分鐘，
冷卻後切成細條備用）

*1
芒果果凍中使用的洋菜，比吉利丁要
來得更透明，可以讓果凍吃起來更軟
Q的最佳凝固劑，在一般糕點材料店
中都可以買得到。

*2
什麼是椰子乾？
將椰子果肉削下，乾燥後細切成
1-2CM長形條狀，稱為椰子乾。另
外，乾燥後磨成粉末狀就是椰子粉。

作法

〈芒果果凍〉

1 將芒果與水放入鍋內加熱，水滾後加入已經拌勻的洋菜及砂
糖，材料完全融化後倒入模型，放至冷卻凝固。（左記的份量不
是實際使用的量，是比較好製作的份量）

2 製作香草戚風蛋糕。

3 在鮮奶油200g中加入椰子粉，打發後作成椰子奶油。

4 將椰子奶油放入裝有星型擠花嘴的擠花袋中，在蛋糕上擠2圈奶
油。

5 奶油周圍灑上少許椰子乾。

6 在奶油正中間裝飾上冷卻凝固的芒果果凍。

裝飾重點

♥ 雖然這裡把芒果果凍作成花的樣子，但可以依照個人喜好作出
不同造型的果凍。

展現你的創意！
以可愛的糖霜餅乾
來裝飾吧！

讓杯子蛋糕感覺更加時髦的，就是糖霜餅乾！
這邊要介紹的是在Ciappuccino店內販賣的糖霜餅乾。
大家亦可參考p.114的食譜，挑戰自己動手製作糖霜餅乾喔！

將砂糖與蛋白混合染色後製作出來的就是「糖霜」，將糖霜在餅乾上面作出各
式不同花樣的，就是糖霜餅乾。只是在杯子蛋糕上放了糖霜餅乾，蛋糕的可愛
度就頓時了提升100倍！另外，糖霜餅乾當作小禮物送人也很適合。
雖然可以配合自己想要的造型來作糖霜餅乾，但是要烘烤餅乾、等糖霜造型乾
燥固定等，自己製作是挺費工的。所以亦可適時利用市面上販賣的糖霜餅乾來
作造型。
在Ciappuccino店內也有販賣各式不同可愛造型的糖霜餅乾喔！

來組合不同顏色的
氣球吧！

普普風的
可愛禮物盒

說起生日就會
想到氣球

在簡單的白色蛋糕上
放上滿滿的祝福話語

在愛心造型的餅乾上
點綴著可愛的蕾絲

在春天帶來
幸福的蝴蝶

68

性感的紅唇餅乾
還附上了訊息

適合成熟女性的
性感高跟鞋餅乾

點點與愛心的
可愛杯子蛋糕

在杯子的部分
加入文字的
獨創糖霜餅乾

光看就令人開心的
微笑餅乾

可以嘗試各種顏色
搭配的杯子蛋糕

在杯子及奶油上作出
自己喜愛的圖樣

兒童節的鯉魚旗
糖霜餅乾

撒上彩色巧克力糖粒
及彩色糖粒

Cakes for All Seasons

SECTION

4

♥

動手製作
當季的蛋糕

在一些特定的時期，要不要試著製作充滿
季節感的杯子蛋糕呢？
新年、情人節、水果種類豐富的夏季、萬
聖節到聖誕節……在這裡要為大家介紹這
些適合一年中各種不同節日的創意杯子蛋
糕！

除夕夜的閃亮星星
Twinkle New Year's Eve

從除夕到新年，充滿新氣象的氣氛，
最適合搭配金黃色的杯子和星星形狀的裝飾了。
就以色彩繽紛的閃亮彩色糖球和閃閃發光的星形巧克力，
華麗地慶祝新的一年到來吧！

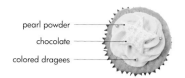

pearl powder
chocolate
colored dragees

Cakes for
All Seasons
Twinkle
New Year's Eve

WINTER

材料 約6個分（蛋奶素）

香草戚風蛋糕（p.12）
———————————— 6個

蛋糕奶油（p.24）
———————————— 150g

綠色色素 ———————— 適量
閃亮彩色糖球（在砂糖表面上
鋪上一層金箔或銀箔的裝飾材
料。英文為 dragee）綠色、粉
紅色、黃色 ———————各6個
裝飾用白巧克力 ———— 20g
巧克力用黃色色素 ———— 適量
金色珍珠粉 ———————— 適量
檸檬汁 ———————————— 8ml
檸檬皮屑 ———————— 1/3個
黃色色素 ———————————— 適量

作法

〈星形巧克力〉

1 將裝飾用的白巧克力隔水加熱融化，再加入巧克力專用的黃色
　色素將巧克力染成黃色。

2 將巧克力倒入星形巧克力模中，冷卻成型。

3 待巧克力完全凝固後將巧克力模拿掉，以毛刷在表面上抹上金
　色珍珠粉。

4 製作香草戚風蛋糕。

5 製作蛋糕奶油。

6 在蛋糕奶油150g裡加入檸檬汁及檸檬皮屑、黃色色素，製作檸
　檬奶油，再加入少量的綠色色素，作成黃綠色的奶油。

7 在裝有星形擠花嘴的擠花袋中放入奶油，在蛋糕上擠2圈奶油。

8 將三色的閃亮彩色糖粒平均裝飾在奶油上。

9 最後在奶油的正中間擺放上星形巧克力作裝飾。

裝飾重點

♥ 因為巧克力有油脂，所以用一般的色素（食用紅色色素等）是沒
　有辦法將巧克力染色的，想要將巧克力染色就必須要使用巧克
　力專用色素，一般我們稱之為可食用「油性色素」。

♥ 用量請先以一小匙開始作調色，請一邊看著一邊來調整顏色。

♥ 巧克力用的星形巧克力模在一般的糕點材料店可以買到。如果
　沒有辦法買到，將巧克力薄薄的倒在敷上保鮮膜的長形鐵盤中，
　以星形的餅乾模來切割，或以刀子切割出星星造型的巧克力亦
　可。

珍珠粉。顆粒細緻，富
有光澤亮度的裝飾用粉
末色素。這是在紐約的
糕點材料店中發現的。

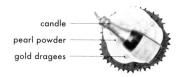

香檳賀新年
Pop Your Cork

在美國，拉開一年序幕的就是
在派對上或酒吧中用準備好的香檳來跨年倒數，
或去欣賞煙火等等的，總之會盛大的慶祝。
華麗的新年的開始，就用閃亮彩色糖球和香檳型的蠟燭來表現吧！

Cakes for
All Seasons
Pop Your Cork
WINTER

材料 約6個分（蛋奶素）

香草戚風蛋糕（p.12）
.... 6個

蛋糕奶油（p.24）
.... 150g

閃亮彩色糖球（在砂糖表面上
鋪上一層金箔或銀箔的裝飾材
料。英文為 dragee）大顆圓珠
.... 適量

裝飾用白巧克力............ 20g

金色珍珠粉（顆粒細緻、帶有
光澤的粉末色素）............ 適量

香檳造型蠟燭 6個

作法

1 製作香草戚風蛋糕。

2 製作蛋糕奶油。

3 在裝有星形擠花嘴的擠花袋中放入蛋糕奶油，在蛋糕上擠2圈奶油。

4 以細筆等沾取黃金珍珠粉，再以手指頭輕巧地打著筆端，將黃金珍珠粉撒在奶油上。

5 將閃亮彩色糖球平均的裝飾在奶油上。

6 在奶油的正中央裝飾上香檳蠟燭。

裝飾重點

💛 **關於香檳形狀的蠟燭**

在糕點材料或道具店都買得到。這裡所使用的香檳蠟燭請參照本書末頁上的相關資料。如果怎麼樣都無法買到的時候，大家亦可自己動手挑戰製作糖霜餅乾喔！

香檳形狀的蠟燭是裝在
這個可愛的包裝裡喔！

非常適合慶祝時使用
的香檳蠟燭。

cake topper
sprinkles

Cakes for
All Seasons
XOXO
<Hugs and Kisses>

WINTER

親親＆抱抱情人節
XOXO <Hugs and Kisses>

情人節是將自己的心意傳達給心愛的人，非常特別的節日。
在日本習慣是由女性送巧克力給男性，
然而美國則是由男性送給女性，
或同性朋友之間會互相贈送喔！

材料　約6個分（蛋奶素）

巧克力戚風蛋糕（p.15）
.... 6個

鮮奶油（p.28）
.... 200g
草莓果醬 40g
彩色糖粒 （小愛心狀） 10g
愛心的蛋糕裝飾立牌 6個

作法

1　製作巧克力戚風蛋糕。
2　製作不太濃稠的鮮奶油。
3　將2與草莓果醬混合作出草莓奶油。因為如果攪拌得太過頭，奶油會變得太濃稠，所以在奶油稍微呈現濃稠狀後馬上加入果醬製作出草莓奶油（作法請見p.29）。
4　在裝有星形擠花嘴的擠花袋中放入草莓奶油，在蛋糕上擠2圈奶油。
5　將彩色糖粒撒在奶油上。
6　插上心形的裝飾立牌。

裝飾重點

♥　**所謂的蛋糕裝飾立牌**
主要是指插在杯子蛋糕上裝飾用的牌子。有了這個，就可以讓主題更加明顯、華麗。
可以在糕點材料點裡買到，但亦可將印有插畫圖樣的紙張切割下來，在紙張與紙張之間黏上牙籤，將兩張紙張黏貼起來後，就是在自己家中亦可簡單動手製作的手工裝飾立牌囉！

sprinkles

colored sugar

Cakes for
All Seasons

My Little Heart

WINTER

心愛情人節

My Little Heart

在特別的節日裡，杯子蛋糕也要更講究一點。
黑色、粉紅色、愛心、點點……
全是女孩子最喜歡的裝飾。
把這些全部都裝在充滿心意的浪漫杯子蛋糕中！

材料 約6個分（蛋奶素）

香草戚風蛋糕（p.12）
.... 6個

蛋糕奶油（p.24）
.... 150g

愛心彩色糖粒（紅色、粉紅色
共計 18片）..................... 18片

粉紅色的彩色糖粉 15g

作法

1 製作香草戚風蛋糕。
2 製作鮮奶油。
3 在裝有星形擠花嘴的擠花袋中放入蛋糕奶油，在蛋糕上擠2圈奶
油。
4 撒上粉紅色的彩色糖粉。
5 最後加上三片心形的彩色糖粒。

裝飾重點

♥ 選擇適合主題或季節的紙杯，也是製作杯子蛋糕的樂趣之一。
在情人節時使用帶有粉紅色、黑色及點點模樣的時髦紙杯，可
以增添蛋糕的華麗感。

所謂的彩色糖粒，是主
要以砂糖和米粉為原
料，色彩繽紛的裝飾材
料。彩色糖粒可以在糕
點材料店中買到，心形
的彩色糖粒有大有小，
尺寸各式各樣，可以依
照自己的需要選擇。

彩色糖粉是將小顆粒狀的
糖粉上色後所作成的裝飾材
料。這裡用的是粉紅色的。
其他還有很多顏色，在材料
行都能購入。

復活節彩蛋
In the Nest

復活節英文稱之為Easter，
有著將蛋殼或裝飾成色彩繽紛的習俗。
另外復活節時，會在房子裡外各處藏下彩蛋，
讓小孩子玩「尋找彩蛋」的遊戲。

材料 約6個分（蛋奶素）

巧克力戚風蛋糕（p.15）

.... 6個

蛋糕奶油（p.24）

.... 150g

開心果醬 15g
蛋型巧克力（雞蛋形狀的巧克
力）...................... 12個

作法

1 製作香草戚風蛋糕。

2 製作鮮奶油。

3 在鮮奶油150g裡加入開心果醬，作成開心果奶油（作法請見 p27）。

4 在裝有星形擠花嘴的擠花袋中放入開心果奶油，在蛋糕上擠2圈 奶油。

5 在奶油正中間放進雞蛋形巧克力（如果買不到，可以彩色杏仁果 *1取代）。

*1
彩色杏仁果是在杏仁果上加上白色或粉紅色等色彩的，以砂糖為基底裝飾製作出來的橢圓形糖果。

裝飾重點

♥ 用開心果的鮮綠來表現出春天節慶的復活節氣息。

雞蛋形狀的巧克力可以
呈現復活節的氣氛。這
個像是恐龍蛋一樣的巧
克力。裡面還包著一個
花生喔！

colored jimmies
colored candies

Cakes for
All Seasons
Marble Easter

SPRING

繽紛復活節
Marble Easter

在美國，復活節時商店裡會擺放著滿滿的雞蛋型狀巧克力等著販售。
在蛋型巧可力裡也會有些會放入M&M巧克力或一些小糖果，
那種打開巧克力不知道裡面會裝著甚麼的興奮心情，
這裡特別用杯子蛋糕來表現！

材料　約6個分（蛋奶素）

香草戚風蛋糕（p.12）
———————————————————— 6個

蛋糕奶油（p.24）
———————————————————— 100g
巧克力 ——————————————— 30g
M&M巧克力 ————————————— 18顆
彩色巧克力糖粒（參照p.45）
———————————————————— 20g

作法

1　製作香草戚風蛋糕。
2　製作蛋糕奶油。
3　將融化後的巧克力與蛋糕奶油混合，作成巧克力奶油（作法請見 p.27）。
4　在裝有星形擠花嘴的擠花袋中放入蛋糕奶油，在蛋糕上擠2圈奶油。
5　撒上彩色巧克力糖粒。
6　將3顆M&M巧克力平均的放在奶油上。

裝飾重點

♥　若是挑選顏色不同的M&M巧克力，並且間隔相等地放在奶油上，就能將杯子蛋糕裝飾得很可愛。

♥　撒上大量的彩色巧克力糖粒，讓蛋糕變得更繽紛！

用可以輕易買到的M&M巧克力作為杯子蛋糕上的裝飾。Ciappuccino店內使用的M&M巧克力是使用天然染料製成的。口味溫和但色彩繽紛是Ciappuccino所製的M&M巧克力最大的特色。

快樂兒童節
Boys' Day

日本的「兒童節」同時也是端午節。

是一個慶祝男孩子們長大的特別節日。

可惜的是美國並沒有「兒童節」這樣的節日，

如果要讓日本的「兒童節」帶著美國風，大概就像這樣吧！

材料　約6個分（蛋奶素）

香草戚風蛋糕（p.12）
.... 6個

蛋糕奶油（p.24）
.... 150g

檸檬汁 8ml

檸檬皮碎 1/3個

黃色色素 .... 適量

交通工具造型蠟燭 6個

作法

1　製作香草戚風蛋糕。

2　製作蛋糕奶油。

3　在蛋糕奶油150g裡加入檸檬汁及檸檬皮碎片、黃色色素，製作檸檬奶油，加入一點的黃色色素，讓奶油的黃色變得更明顯。

4　在裝有星形擠花嘴的擠花袋中放入黃色檸檬奶油，在蛋糕上擠2圈奶油。

5　插上交通工具造型蠟燭裝飾。

裝飾重點

♥ 這些造型可愛的蠟燭是Kazumi我在紐約
　找到的。造型全部都是男孩子喜歡的一
　些交通工具。在日本可能有點難買到，
　如果找不到，可以準備可愛的交通工具
　插圖兩張，中間加上牙籤，再將兩張插
　圖黏合，作成可愛的蛋糕立牌。

mint
raspberry
peach

Cakes for
All Seasons

Peach Melba

SUMMER

初夏樂桃曼波
Peach Melba

初夏獲得了新鮮的蜜桃，
要不要試著動手作作看富含水感的這種杯子蛋糕呢？
蜜桃與覆盆子，試著將充滿異國風情的這個組合
作成杯子蛋糕了吧！

材料　約6個分（蛋奶素）

香草戚風蛋糕（p.12）

⋯⋯⋯⋯⋯⋯⋯⋯⋯⋯⋯⋯⋯ 6個

鮮奶油（p.28）

⋯⋯⋯⋯⋯⋯⋯⋯⋯⋯⋯⋯ 200g
糖煮水蜜桃用的水蜜桃 ⋯ 1/4個
砂糖 ⋯⋯⋯⋯⋯⋯⋯⋯⋯⋯ 50g
檸檬汁 ⋯⋯⋯⋯⋯⋯⋯⋯ 1/2個分
水 ⋯⋯⋯⋯⋯⋯⋯⋯⋯⋯ 150ml
覆盆子 ⋯⋯⋯⋯⋯⋯⋯⋯⋯ 6顆
鏡面果膠⋯⋯⋯⋯⋯⋯⋯ 適量
薄荷葉（小株雙葉薄荷） ⋯ 6片

〈覆盆子醬用〉

｜ 覆盆子果醬 ⋯⋯⋯⋯⋯ 25g
｜ 砂糖 ⋯⋯⋯⋯⋯⋯⋯⋯ 5g

作法

1 水蜜桃用熱水燙過後，加入砂糖、檸檬汁、水，放入鍋子內悶煮，作成糖煮水蜜桃，熄火後放涼備用。

2 將覆盆子醬的材料放入鍋內加熱，煮5分鐘後熄火放涼。

3 製作香草戚風蛋糕。

4 製作鮮奶油。

5 將鮮奶油裝入裝著1cm直徑大小的圓型奶油嘴的擠花袋中，在蛋糕上擠出10個1cm大小的圓球狀。

6 將切成3cm大小的水蜜桃、覆盆子擺放在奶油上。

7 在水蜜桃及覆盆子上塗上鏡面果膠。

8 將覆盆子醬放入紙捲擠花袋中，將擠花袋尖端剪掉2mm左右，再細細的淋在水蜜桃上。

9 放上薄荷葉裝飾。

裝飾重點

💙 **糖煮水蜜桃**
用新鮮的水蜜桃來製作是最好的，但是沒有新鮮水蜜桃的時候亦可用罐裝的代替。

💙 **鏡面果膠**
讓裝飾在蛋糕表面的水果呈現晶亮新鮮的感覺，而且即便放了數個小時水果也不會有乾燥現象的方法就是塗上鏡面果膠。鏡面果膠的原料是利用水果的杏桃或覆盆子的果膠質的作用，來凝固取出果膠。在一般的糕點材料店中都可以買到。

夏日狂熱橘戀
Crazy Summer Orange

讓人感覺到夏季的新鮮橘子。
大膽的使用了香味濃郁的橘子，
及和橘子很搭的奶油起司糖霜，
來作出這個夏季才有的活力蛋糕！

gold dragees
chervil
sliced orange

Cakes for
All Seasons
Crazy
Summer Orange

SUMMER

材料　約6個分（蛋奶素）

香草戚風蛋糕（p.12）
　　　　　　　　　　　　　　　6個

奶油起司糖霜（p.30）
　　　　　　　　　　　　　　　200g
金色閃亮彩色糖粒　　　　　　　18顆
鏡面果膠（p.87）　　　　　　　適量
細葉芹　　　　　　　　　　　　6根

〈糖煮橘子〉
橘子切片　　　　　　　　　　　3片
砂糖　　　　　　　　　　　　　100g
水　　　　　　　　　　　　　　100ml

作法

1　橘子皮請先清洗乾淨，再將橘子切成4至5mm大小後，在鍋中加入砂糖及水後加熱煮10分鐘，煮成糖漿狀後，將橘子放涼。完全冷卻後切成兩半。

2　製作香草戚風蛋糕。

3　製作奶油起司糖霜。

4　在裝有1.5cm圓形擠花嘴的擠花袋中放入奶油起司糖霜，在蛋糕上擠2圈奶油。

5　在奶油上擺上二分之一的橘子片。

6　橘子片上塗上鏡面果膠（可以讓水果更水亮有光澤）。

7　在橘子片上加上3顆金色閃亮彩色糖粒（用金箔包裹住砂糖所作成的裝飾物）。

8　在橘子片側邊放上細葉芹（香草的一種，常用在蛋糕及料理的最後點綴。）裝飾。

裝飾重點

♥　閃亮彩色糖粒的英文是dragee。使用小顆粒的東西來裝飾可以和緩大膽的橘色，讓蛋糕整體感覺比較柔和。

caramelized banana

chocolate

sprinkles (nonpareil)

Cakes for
All Seasons
Banana
Split

SUMMER

經典香蕉巧克力
Banana Split

巧克力配上香蕉，
是所有人都會認同的經典組合。
在夏季的祭典中一定會出現，不管是大人還是小孩都喜愛的口味。
重點是烤的脆脆的拔絲焦糖香蕉片。

材料　約6個分（蛋奶素）

香草戚風蛋糕（p.12）
.... 6個

鮮奶油（p.28）
.... 200g

香蕉 1根

砂糖 20g

巧克力醬 20g

彩色巧克力糖粒（小顆粒狀）*1
.... 10g

*1
小顆粒狀尺寸如圖所示。

作法

1　製作香草戚風蛋糕。

2　製作鮮奶油。

3　將香蕉切成1cm厚的片狀後在表面塗上砂糖，以噴槍烤成拔絲焦
　　糖風味。

4　在裝有1cm圓形擠花嘴的擠花袋中放入鮮奶油，在蛋糕上擠4圈
　　奶油。

5　在奶油上面淋上巧克力醬後，撒上彩色巧克力糖粒。

6　在奶油的中間放上拔絲焦糖香蕉。

裝飾重點

♥ **拔絲焦糖**

　　拔絲焦糖有很多種作法，這裡的作法是灑上砂糖後直接以噴槍
　　火烤而成的。沒有噴槍時，用瓦斯爐火將湯匙的背面烤得火熱，
　　再將湯匙貼附在要烘烤的表面上，就可以作出同樣效果。（小心
　　燙傷）

蝙蝠＆南瓜的黑色萬聖節
Halloween

小孩子們會在萬聖節時打扮成
幽靈、殭屍、魔女、吸血鬼、科學怪人等特殊的裝扮。
當這些小朋友來敲你的門，對你說：「 Trick or Treat（不給糖就搗蛋！）」時，
端出這個萬聖節風的杯子蛋糕來給他們如何呢？

萬聖節「南瓜燈」
Halloween
"Jack O' Lantern"

材料 約6個分（蛋奶素）

惡魔巧克力蛋糕（p.16）
.... 6個

蛋糕奶油（p.24）
.... 100g

巧克力 30g

黑巧克力 20g

〈南瓜鬼臉用〉

　裝飾用白巧克力 20g

　巧克力用紅色色素 .... 適量

　巧克力用黃色色素 .... 適量

作法

〈南瓜鬼臉〉

1　將裝飾用的白巧克力隔水加熱融化後，加入巧克力用紅色色素及巧克力用黃色色素，作成橘色巧克力醬。

2　將橘色巧克力醬倒入南瓜鬼臉（南瓜燈籠）的巧克力模中，冷卻凝固。

3　製作惡魔巧克力蛋糕。

4　製作蛋糕奶油。

5　在蛋糕奶油中加入融化後的巧克力，製作巧克力奶油（作法請見p.27），接著再加入黑巧克力，製作黑巧克力奶油。

6　在裝有1.5cm圓形擠花嘴的擠花袋中放入蛋糕奶油，在蛋糕上擠2圈奶油。

7　最後放上南瓜鬼臉巧克力裝飾。

將用巧克力色素染成橘色的巧克力醬後，倒入南瓜造型的巧克力模中，放入冰箱冷卻後就可以作出南瓜鬼臉燈籠巧克力了。

萬聖節「蝙蝠」

Halloween
"Vampire"

材料　約6個分（蛋奶素）

惡魔巧克力蛋糕（p.16）

　　　　　　　　　　　　　6個

蛋糕奶油（p.24）

　　　　　　　　　　　　100g

南瓜果醬　　　　　　　　50g

〈黑色巧克力用〉

巧克力	15g
黑巧克力	3g
油	2g

（作法請參照p.50頁黑色小洋裝）

作法

〈蝙蝠〉

1　隔水加熱融化的巧克力醬中加入黑巧克力及油，仔細壓碎過濾確認沒有顆粒後，製作黑巧克力醬，蝙蝠翅膀較為扁平的部分請將巧克力醬薄薄的倒入蝙蝠巧克力模型中，讓巧克力醬平坦延伸。

2　黑巧克力冷卻凝固後，押出蝙蝠造型。

3　製作惡魔巧克力蛋糕。

4　製作蛋糕奶油。

5　將鮮奶油100g和南瓜泥混合，作成南瓜奶油。

6　在裝有1.5cm圓形擠花嘴的擠花袋中放入南瓜奶油，在蛋糕上擠2圈奶油。

7　最後裝飾上蝙蝠巧克力。

裝飾重點

♥　南瓜奶油的顏色太淺時，可以加一些黃色色素來增色。

♥　所有的奶油及裝飾用的巧克力，如果都是相同色系的黑色及橘色的並排在一起，不但比較美觀，整體造型也會更有魄力。

令人生畏的吸血鬼旁總是會跟隨著蝙蝠。以蝙蝠造型的模具切出蝙蝠型的巧克力後，剩餘的巧克力可以再融化後另外使用。

這裡的巧克力使用的是黑苦巧克力。

聖誕樹
Christmas Tree

聖誕節是一年一度的重要大節慶。
特別讓人開心的就是聖誕節的象徵，聖誕樹了。
這裡介紹的杯子蛋糕就是以繽紛裝飾的聖誕樹為主題的
季節限定蛋糕喔！

材料　約6個分（蛋奶素）

惡魔巧克力蛋糕（p.16）
.... 6個

蛋糕奶油（p.24）
.... 150g
開心果醬 15g
裝飾用白巧克力 20g
巧克力用黃色色素 .... 適量
綜合彩色薄荷巧克力糖
.... 40顆

作法

〈星形巧克力〉

1　將裝飾用的白巧克力隔水加熱融化，再加入巧克力專用的黃色
　　色素，將巧克力染成黃色。

2　將巧克力倒入星形巧克力模中，冷卻成型。

3　製作惡魔巧克力蛋糕。

4　製作蛋糕奶油。

5　在蛋糕奶油150g裡加入開心果醬，製作開心果奶油（作法請見
　　p.27）

6　在裝有星形擠花嘴的擠花袋中放入開心果奶油，在蛋糕上擠2圈
　　奶油。

7　將彩色薄荷巧克力糖平均裝飾在奶油樹上。

8　在奶油正中央裝飾上星形巧克力。

裝飾重點

♥　在這裡將薄荷巧克力糖平均的一顆一顆分散在奶油樹上，更能
　　表現出聖誕樹的氛圍。

平安夜
Christmas Evening

說到聖誕的顏色，最先聯想到的多半是綠色跟紅色。

這次我們特別用了紅色的紅絲絨蛋糕為基底，

作出了充滿別緻氛圍的杯子蛋糕。

奶油的選擇上也是為了要配合紅絲絨蛋糕，特別選用了奶油起司糖霜作搭配。

材料　約6個分（蛋奶素）

紅絲絨蛋糕（p.18）
-- 6個

奶油起司糖霜（p.30）
-- 200g

乾燥草莓乾 -------------------------------- 15g

作法

1　製作紅絲絨蛋糕。

2　製作奶油起司糖霜。

3　將作好的奶油起司糖霜放入星型擠花嘴擠花袋中，在蛋糕上擠2圈奶油。

4　最後在奶油起司糖霜上撒上草莓乾。

裝飾重點

♥　草莓乾若是太大塊，請預先切成小塊。

♥　將蛋糕放入蕾絲的紙杯中，會讓蛋糕一下子變得華麗起來。

Cakes for Anniversary

SECTION

5

♥

動手製作
紀念日蛋糕

以小小的杯子蛋糕來表現在特殊日子的喜
悅之心吧！

和家人一起慶祝的幸福時光，朋友間的聚
會，甚至是華麗的婚禮等等，杯子蛋糕的
世界是如此的寬廣。

cup cake topper
colord sugar
strawberry cream

*Cakes for
Anniversary*
Birthday
Girls

女孩的生日派對
Birthday Girls

在美國舉辦生日派對時，杯子蛋糕是不可或缺的。
身為壽星的小朋友們都會自己帶著杯子蛋糕，
請好朋友們一起吃，來為自己慶生。
如果是小女生要慶生，應該就是這種感覺吧！

材料 約6個分（蛋奶素）

香草戚風蛋糕（p.12）
.... 6個

鮮奶油（p.28）
.... 200g
草莓果醬 20g
藍莓果醬 20g
粉紅色的彩色晶糖 15g
蛋糕上的裝飾立牌 6個

作法

1 製作香草戚風蛋糕。
2 製作鮮奶油。
3 在鮮奶油100g裡加入草莓果醬，製作草莓奶油（作法請見 p.29）。
5 在鮮奶油100g裡加入藍莓果醬，製作藍莓奶油（作法請見 p.29）。
6 在裝有星形擠花嘴的兩個不同的擠花袋中分別放入草莓奶油及藍莓奶油，在不同的蛋糕上，分別擠出2圈奶油，作出上面有兩圈草莓奶油及兩圈藍莓奶油的蛋糕。
7 灑上粉紅色的彩色晶糖。
8 插上裝飾立牌。

裝飾重點

♥ 奶油的顏色太淡時，草莓奶油裡可以加入紅色的色素著色，藍莓奶油裡可以加入紅色與藍色的色素來作顏色的調整

COLUMN

蛋糕上的裝飾立牌

所謂的蛋糕上的裝飾立牌，就是指插或放在蛋糕上的裝飾品。有這個，可以讓蛋糕更貼近主題，也更豪華。雖然在糕點材料行也買的到，不過只要把圖案從紙上剪下來，中間放支牙籤，把兩張圖案貼在一起，就是在家可以自製的裝飾立牌了。像這邊所使用的芭蕾舞者的立牌一樣，如果自己作的立牌也能加上蕾絲、亮片等小東西，效果會更好。

第一個生日
First Birthday

在美國說到生日蛋糕，
通常都不是買一整個大蛋糕，而是以杯子蛋糕為主。
特別是在一歲的生日時，父母親會幫忙決定派對的主題跟顏色，
然後盛大的慶祝。

材料 約6個分（蛋奶素）

香草戚風蛋糕（p.12）
.... 6個

蛋糕奶油（p.24）
.... 100g

星形彩色糖粒 10g

數字蠟燭 6個

作法

1 製作香草戚風蛋糕。

2 製作蛋糕奶油。

3 在裝有星形擠花嘴的擠花袋中放入蛋糕奶油，在蛋糕上擠2圈奶油。

4 在奶油上裝飾上彩色糖粒。

5 最後在奶油上插入數字蠟燭。

裝飾重點

♥ 數字蠟燭可以在糕點材料行購得。

♥ 彩色糖粒可以使用自己喜歡的色彩或形狀，但是使用色彩繽紛的彩色糖粒比較有慶生的熱鬧感喔！

Marry Me？嫁給我吧！

"Marry Me?"

人生中的一大重要日子，就是結婚。
要是在求婚的時候，送上這麼可愛的杯子蛋糕，
會是一生中難忘的回憶吧！

材料 約6個分（蛋奶素）

香草戚風蛋糕（p.12）

—————————————————— 6個

鮮奶油（p.24）

—————————————————— 200g

草莓果醬 —————————————— 20g

銀色閃亮彩色糖粒 ————— 12顆

白色閃亮彩色糖粒 ————— 12顆

銀色珍珠粉 —————————— 適量

作法

1 製作香草戚風蛋糕。

2 製作鮮奶油。

3 在鮮奶油100g裡加入草莓果醬，製作草莓奶油（作法請見p29）

〈戒指作法〉

4 在烤盤中鋪上保鮮膜或烤盤紙，以帶有直徑5cm的圓形擠花嘴的
擠花袋，放入製作杯子蛋糕剩下的鮮奶油，在烤盤上擠成戒指
狀，放上閃亮彩色糖粒作裝飾後冷凍約30分鐘。

5 步驟4的奶油冷凍凝固後，塗上銀色珍珠粉。

6 在裝有1.5cm圓形擠花嘴的擠花袋中放入草莓奶油，在蛋糕上
擠出一個圓形奶油球。

7 將步驟5中完成的戒指，用抹刀整個拿起，裝飾在奶油上。

裝飾重點

♥ 戒指的部分可以改變裝飾在上面的閃亮彩色糖粒大小，可依照
自己的喜好來裝飾杯子蛋糕喔！

white dragees

chocolate coating

Cakes for
Anniversary
White
Wedding

白色典雅婚禮
White Wedding

在精緻素雅的結婚典禮上，
最適合這樣造型的杯子蛋糕了。
以新娘禮服的印象來設計
是純白卻帶著華麗感的美麗蛋糕。

材料　約6個分（蛋奶素）

香草戚風蛋糕（p.12）
———————————————— 6個

蛋糕奶油（p.24）
———————————————— 150g
造型用白巧克力———————— 100g
白色閃亮彩色糖粒（小尺寸）
———————————————— 20g
白色閃亮彩色糖粒（大尺寸）
———————————————— 30顆

作法

1　製作香草戚風蛋糕。
2　隔水加熱融化裝飾用白巧克力後，在蛋糕表面上沾附白色巧克力。
3　製作蛋糕奶油。
4　在裝有星形擠花嘴的擠花袋中放入蛋糕奶油，在蛋糕上擠2圈奶油。
5　將大小尺寸兩種的閃亮彩色糖粒平均的裝飾在奶油上。

裝飾重點

♥　以白色閃亮彩色糖粒來表現新娘所配戴的珍珠。

♥　像珍珠一樣大小的閃亮彩色糖粒英文稱之為white dargee，是在紐約購入的。在日本可能買不到，若沒有可以銀色的閃亮彩色糖粒來裝飾。蛋糕又會展現不一樣的樣貌風情喔！

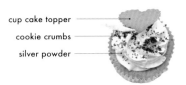

cup cake topper
cookie crumbs
silver powder

Cakes for
Anniversary
The Wedding
Tower

婚禮蛋糕塔

The Wedding Tower

在美國的婚禮上，
以杯子蛋糕當作結婚蛋糕來慶祝的情況很常見。
特別是在婚禮上會把杯子蛋糕作成塔狀來裝飾，
並且裝飾的時髦又有看頭。

材料　約6個分（蛋奶素）

香草戚風蛋糕（p.12）

　　　　　　　　　　　　　　6個

蛋糕奶油（p.24）

　　　　　　　　　　　　　150g

巧克力餅乾 　　　　　　　　10g
（將餅乾放入袋中，用擀麵棒
來回滾動壓碎成細狀）
銀色珍珠粉（粒子較細，具有
光澤的粉末色素）　　　　適量
蛋糕裝飾立牌 　　　　　　　6個

作法

1　製作香草戚風蛋糕。
2　製作蛋糕奶油。
3　在裝有星形擠花嘴的擠花袋中放入蛋糕奶油，在蛋糕上擠2圈奶油。
4　撒上磨成細粉末狀的巧克力餅乾。
5　用細筆沾少許的珍珠粉，以手指輕敲筆尖，讓粉末輕輕撒在奶油上。
6　在蛋糕正中間插入裝飾立牌。

裝飾重點

♥　注意不要撒上太多巧克力餅乾碎片，以手指頭抓一小搓，手指頭慢慢邊搓邊將巧克力餅乾粉末給撒到奶油上，這樣蛋糕的成品就會非常漂亮。

Baby誕生派對
Baby Shower

所謂的誕生派對，在美國一般是為了慶祝寶寶出生的一種習俗。
孕婦媽媽的朋友們會在嬰兒出生前舉辦一個派對，
在派對上贈送媽媽一大堆迎接新生兒所需的東西為禮物。
在這種可愛的派對上，就用加了糖霜餅乾，
繽紛可愛的杯子蛋糕來慶祝吧！

材料　約6個分（蛋奶素）

香草戚風蛋糕（**p.12**）	草莓果醬	30g
6個	糖霜餅乾	6片
蛋糕奶油（**p.24**）	彩色糖粒	10g
150g		

作法

1　製作香草戚風蛋糕。
2　製作蛋糕奶油。
3　在蛋糕奶油裡加入草莓果醬，作成草莓奶油。顏色太淡時可以添加
　　少許紅色色素。
4　在裝有星形擠花嘴的擠花袋中放入草莓奶油，在蛋糕上擠2圈奶油。
5　灑上彩色糖粒。
6　放上糖霜餅乾裝飾（作法請見p.114）。

裝飾重點

♥　一般草莓奶油都是用鮮奶油來製作的，但是因為這裡的杯子蛋糕上
　　面裝飾了糖霜餅乾，所以刻意選了比較穩固的蛋糕奶油來制作。

COLUMN

什麼是Baby誕生派對？

這是日本人比較不熟悉的儀式，總而言之是「生產前的慶祝」這
樣的一個習俗。因為是孕婦朋友之間相互舉行派對來慶祝，所以
通常會贈送孕婦生下寶寶後所需的物品為禮物。在日本通常是
嬰兒出生後才開始贈送禮物，但是在美國考慮到剛生完寶寶的
媽媽的身體狀況，再加上孕婦在生產前有一段穩定期，所以在
這個時候舉辦派對，對媽媽的負擔比較小，加上能夠受到朋友們
的祝福，對於接下來要面對生產這種人生大事的孕婦而言，也
是很大的鼓勵，所以在美國認為這種Baby誕生派對在嬰兒出生
前就先舉行是比較合理的。另外，生產後所需要的東西是由孕
婦的朋友們互相討論後所贈送的禮物，所以比較不會送到一些
不實用的東西，這真的是美國人特有的美式思考所發展出來的
派對呢！目前日本好像也開始有類似這樣的派對了。

材料 約6個分（蛋素）

牛油 ……………………… 100g

白砂糖 …………………… 70g

蛋 ……………………… 1/2個

低筋麵粉……………… 180g

作法

1 將預先放在室溫下軟化的牛油加入白砂糖，以打蛋器打發至呈現略顯白色的乳霜狀。

2 將蛋汁分兩次加入1的材料後充分攪拌。

3 放入低筋麵粉，用木製的杓子輕輕攪拌，讓所有的材料充分的混合。（攪拌到沒有粉狀物為止）

4 將所有的材料揉成一個麵糰後，以保鮮膜包住，放入冰箱內發酵一晚。

5 麵糰用擀麵棒擀成約5mm厚度的麵皮。

6 用餅乾模壓出造型後，放入180℃的烤箱中烘烤10至15分鐘。烤到呈現焦黃色後就完成了。

材料 約6個分（蛋素）

〈較硬〉 〈較軟〉

白砂糖 ……… 100g 白砂糖 ……… 100g

蛋白 ………1大匙 蛋白 ………1.5大匙

喜歡的著色劑

糖霜的作法

1 將打好的蛋白與白砂糖充分拌勻。

2 取牙籤尖頭沾附以水融化的著色劑，為糖霜著色。

糖霜餅乾作法

1 將較硬的糖霜放入紙捲擠花袋中，畫出造型糖霜的輪廓。

2 等到輪廓部分乾了之後，以尖端較細的湯匙或毛刷取較軟的糖霜塗抹進輪廓內部。

3 等基底完成後，以較硬的糖霜放入紙捲擠花袋中，畫出自己喜愛的造型。

4 放涼後靜置乾燥一個晚上。

可愛的糖霜餅乾模型。
這個是會連圖樣一起壓
出來的類型。

將要慶祝產前派對上使用的杯子蛋
糕，將所有的夢想都裝飾上去如何
呢？趁這個機會也可以順便試著挑戰
一下糖霜餅乾的作法喔！

Whoopie Pie

SECTION

6

♥

動手製作屋比派

在紐約除了杯子蛋糕外，最受人歡迎的甜點應該就是「屋比派」了。實際上這是美國賓州阿米許人的傳統甜點。在Ciappuccino的銷售上，「屋比派」是跟杯子蛋糕不分軒輊的人氣王。現在就來公開「屋比派」從基底派皮到裝飾的各種技巧喔！

什麼是「屋比派」？

將直徑約5cm左右，烘烤好的扁平蛋糕派皮中間加入奶油作成夾心餅狀的甜點，
就是所謂的「屋比派」。這個甜點原本是美國東北部的傳統點心，
屋比派的名字據說是當地小孩子吃屋比派時，
好吃的發出「哇～～（whoopee!）」的驚呼聲而來的。

基本款巧克力
基底派皮
製作法

屋比派的基底派皮是約直徑5cm的圓形，質感
類似鬆餅皮。和各種奶油都很合的巧克力口味
是基本中的基本。

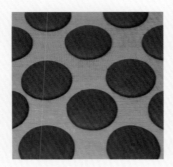

Cocoa Whoopie Pie

❤ 開始製作屋比派前的預備動作

● 將奶油放在常溫下融化。

● 將烤箱預熱至180℃。

● 將低筋麵粉、巧克力、烘焙用小
蘇打粉、鹽混合拌勻。

❤ 材料

約可製作20個屋比派皮（10個屋
比派）（蛋奶素）

奶油	120g
三溫糖	120g
蛋	2個
低筋麵粉	170g
可可粉	50g
烘焙用小蘇打粉	4g
鹽	2g
牛奶	50ml
優格	50g
香草精	1小匙

1. 將奶油及三溫糖以打蛋器混合至顏色略呈白色乳霜狀。

2. 將蛋汁分成兩次加入，每一次加入後都要攪拌混合。一次將蛋汁全部加入會變得難以混合。

3. 預先將牛奶、優格、香草精混合備用。

4. 將步驟3的一半加入步驟2裡，以塑膠抹刀充分攪拌混合。

5. 將一半的粉狀類材料，一邊慢慢撒入一邊攪拌，充分混合。

6. 加入步驟3剩下的材料，仔細拌勻，再加進剩下一半的粉狀材料，攪拌混合均勻。將粉狀類及水分類的材料各分一半一半的交互加入，可以防止結塊，較易混合所有材料。

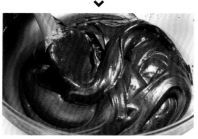

7. 為了要讓派皮呈現5cm大小的圓形狀，可以冰淇淋勺或湯匙挖取放至烤盤上。因為烘烤加熱後麵皮會膨脹變大，要預留派皮與派皮之間的空間距離。

8. 放進180℃的烤箱中烘烤10至12分鐘。

9. 屋比派基底派皮完成。

草莓基底派皮的製作法

預備動作

- 將奶油放在常溫下融化。
- 將烤箱預熱至160℃。
- 將低筋麵粉、烘焙用小蘇打粉、鹽混合拌勻。

材料　約可製作20個屋比派皮（蛋奶素）

奶油	120g	鹽	2g
三溫糖	120g	牛奶	30ml
蛋	2個	優格	30g
低筋麵	220g	香草精	1小匙
烘焙用小蘇打粉	4g	草莓果醬	30g

作法

1 將奶油及三溫糖以打蛋器混合至顏色略呈白色乳霜狀。
2 將蛋汁分成兩次加入，每一次加入後都要攪拌混合。一次將蛋汁全部加入會變得難以混合。
3 預先將牛奶、優格、香草精混合備用。將一半加入步驟2裡，以塑膠抹刀充分攪拌混合。
4 粉狀類的材料的一半份量，一邊慢慢撒進去一邊攪拌，充分混合。
5 將粉狀類及水分類的材料各分一半一半的交互加入，可以防止結塊，較易混合所有材料。
6 在材料中加入草莓果醬。太過攪拌會讓基底派皮變得太過於鬆軟，所以請注意加了草莓果醬後不要過度攪拌。
7 如果想要讓派皮的顏色更加鮮艷，可以加入紅色食用色素。
8 為了要讓派皮呈現5cm大小的圓形狀，可以冰淇淋勺或湯匙挖取放至烤盤上。因為烘烤加熱後麵皮會膨脹變大，要預留派皮與派皮之間的空間距離。
9 放進180℃的烤箱中烘烤10至12分鐘。因為烤焦了就不好看了，所以要比巧克力杯子蛋糕的蛋糕還要以更低溫來烘烤。

焦糖基底派皮的製作法

預備動作

- 將奶油放在常溫下融化。
- 將烤箱預熱至160℃。
- 將低筋麵粉、烘焙用小蘇打粉、鹽混合拌勻。

材料　約可製作20個屋比派皮（蛋奶素）

奶油	120g	牛奶	30ml
三溫糖	120g	優格	30g
蛋	2個	香草精	小匙
低筋麵粉	220g	鹹奶油焦糖醬（作法請見p.48）	
烘焙用小蘇打粉	4g		30g
鹽	2g		

作法

1 將奶油及三溫糖以打蛋器混合至顏色略呈白色乳霜狀。
2 將蛋汁分成兩次加入，每一次加入後都要攪拌混合。一次將蛋汁全部加入會變得難以混合。
3 預先將牛奶、優格、香草精混合備用。將一半加入步驟2裡，以塑膠抹刀充分攪拌混合。
4 粉狀類的材料的一半份量，一邊慢慢撒進去一邊攪拌，充分混合。
5 將粉狀類及水分類的材料各分一半一半的交互加入，可以防止結塊，較易混合所有材料。
6 在材料中加入鹹奶油焦糖醬。過度攪拌會讓鹹奶油焦糖醬變得太過於鬆軟，所以請注意加了鹹奶油焦糖醬後不要過度攪拌。
7 為了要讓派皮呈現5cm大小的圓形狀，可以冰淇淋勺或湯匙挖取放至烤盤上。因為烘烤加熱後麵皮會膨脹變大，要預留派皮與派皮之間的空間距離。
8 放進180℃的烤箱中烘烤10至12分鐘。因為烤焦了就不好看了，所以要比巧克力杯子蛋糕的蛋糕還要以更低溫來烘烤。

棉花糖屋比派
Marshmallow

巧克力派皮加上蛋糕奶油的簡單組合屋比派，
只要加入色彩鮮豔繽紛的棉花糖作搭配，
就可以製作出簡樸但卻有著獨自色彩的屋比派喔！

材料 約10個屋比派分（蛋奶素）

巧克力基底派皮……………… 20片
蛋糕奶油 ……………………… 200g
迷你棉花糖 …………………… 60個
（如果買不到迷你棉花糖可將大塊
棉花糖切成1cm大小來使用）

作法

1 製作巧克力派皮。
2 製作蛋糕奶油。
3 在裝有星形擠花嘴的擠花袋中放入蛋糕奶油，在派皮烘烤時在
   底部的那一面上擠出一圈漩渦狀奶油。
4 在奶油上蓋上另外一個派皮。從上往下輕壓派皮，到奶油幾乎要
   溢出派皮的程度。
5 在派皮間的奶油側面將6個棉花糖等距離擺上。

愛心屋比派
Heart

就算是未裝飾時散發著樸素與溫柔氣息的屋比派，
裹上了巧克力，再以閃亮彩色糖球裝飾，
就能讓整個派呈現華麗成熟的大人風味。

材料　約10個屋比派分（蛋奶素）

巧克力基底派皮	20片
蛋糕奶油	200g
巧克力	200g
黑巧克力	40g
沙拉油	20ML
閃亮彩色糖球	20g

作法

1　製作巧克力派皮。

2　製作蛋糕奶油。

3　在裝有星形擠花嘴的擠花袋中放入蛋糕奶油，在派皮烘烤時在底部的那一面上擠出一圈漩渦狀奶油。

4　在奶油上蓋上另外一個派皮。從上往下輕壓派皮，到奶油幾乎要溢出派皮的程度。

5　將作好的屋比派放入冰箱中冷卻約1小時，直到奶油與派皮凝固黏合在一起。

6　在融化後的巧克力醬裡加入沙拉油及黑巧克力後攪拌均勻，確實磨碎過篩後作成裝飾用的巧克力醬，將冷凍的屋比派其中一面派皮裹上裝飾用巧克力醬。

7　已經裹上巧克力那半面屋比派凝固後，將剩下的巧克力醬放入紙捲擠花袋中，在屋比派上擠出一個心形，再將閃亮彩色糖球裝飾在上面，排出一個珍珠愛心。

材料　約10個屋比派分（蛋奶素）

巧克力基底派皮	20片
蛋糕奶油	200g
巧克力	100g
裝飾用巧克力	200g
巧克力用綠色色素	

作法

1　製作巧克力派皮。

2　製作蛋糕奶油。

3　在裝有星形擠花嘴的擠花袋中放入蛋糕奶油，在派皮烘烤時在底部的那一面上擠出一圈漩渦狀奶油。

4　在奶油上蓋上另外一個派皮。從上往下輕壓派皮，到奶油幾乎要溢出派皮的度。

5　將作好的屋比派放入冰箱中冷卻約1小時，直到奶油與派皮凝固黏合在一起。

6　將融化的巧克力醬倒入戒指形狀的巧克力模中，放涼後凝固。

7　融化裝飾用的白巧克力，在白巧克力醬中加入巧克力用綠色色素，作成綠色的巧克力醬，將冷凍的屋比派其中一面派皮裹上裝飾用巧克力醬。

8　已經裹上巧克力那半面屋比派凝固後，將融化的巧克力醬放入紙捲擠花袋中，將擠花嘴切開約2mm左右，在派皮上寫出pure的英文字樣。

9　在步驟6中預先製作好的戒指形巧克力上，以巧克力醬擠出裝飾的模樣。

10　將步驟9裝飾好的戒指背面擠上巧克力醬，放在屋比派上。

純淨屋比派
Pure

屋比派上以巧克力裝飾，
或寫上文字，
整個屋比派就會呈現出完全不同的印象。

材料　約10個屋比派分（蛋奶素）

草莓基底派皮	20片
蛋糕奶油	200g
草莓果醬	50g
裝飾用	
巧克力	100g
裝飾用白巧克力	200g
星形彩色糖粒	10顆
閃亮彩色糖粒	20g

作法

1 製作草莓派皮。

2 製作蛋糕奶油。

3 在裝有星形擠花嘴的擠花袋中放入蛋糕奶油，在派皮烘烤時在底部的那一面上擠出一圈漩渦狀奶油。

4 以尖端較細的湯匙將一些草莓果醬放到奶油上後，再蓋上另外一個派皮。從上往下輕壓派皮，到奶油幾乎要溢出派皮的程度。

5 將作好的屋比派放入冰箱中冷卻，直到奶油都與派皮凝固黏合在一起。

6 將融化的巧克力醬倒入高跟鞋形狀的巧克力模中，放涼後凝固。

7 將裝飾用白巧克力子加熱溶融化後，再將單面屋比派（作為表面的那一片屋比派皮）放入白色巧克力醬內裹上巧克力。

8 將融化後的黑色巧克力醬放入紙捲擠花袋中，將擠花嘴剪掉約2mm左右，在沾有著白色巧克力醬的單面派皮上，裝飾上點點造型。

9 作法6裡預先作好的高跟鞋形狀巧克力的鞋跟部分也擠上巧克力醬後黏附上閃亮彩色糖粒。

10 將步驟9裝飾好的高跟鞋背面擠上巧克力醬，擺放在屋比派上。

草莓仙杜瑞拉屋比派
Strawberry Cinderella

熟練製作巧克力派皮後，
就可以來挑戰製作草莓口味的派皮。
只要加入一點果醬，就可以享受到口味的變化。

鹹奶油焦糖屋比派
Salted Butter Caramel

在派皮中加入滿滿的鹹奶油焦糖醬，
作出簡單卻讓人一口接一口，
吃不膩的可口屋比派。

材料 約10個屋比派分（蛋奶素）

鹹奶油焦糖派皮⋯⋯⋯⋯⋯⋯⋯⋯ 20片
蛋糕奶油⋯⋯⋯⋯⋯⋯⋯⋯⋯⋯⋯ 200g
鹹奶油焦糖醬（作法請見p.48）
⋯⋯⋯⋯⋯⋯⋯⋯⋯⋯⋯⋯⋯⋯⋯ 50g

作法

1　製作鹹奶油焦糖派皮。
2　製作蛋糕奶油。
3　在裝有星形擠花嘴的擠花袋中放入蛋糕奶油，在派皮烘烤時在底部的那一面上擠出一圈漩渦狀奶油。
4　以尖端較細的湯匙將一些鹹奶油焦糖醬放到奶油上後，再蓋上另外一個派皮。從上往下輕壓派皮，到奶油幾乎要溢出派皮的程度。

在紐約發現的
可愛裝飾小物

不用任何裝飾就很可愛的杯子蛋糕,如果再加上一些簡單的可愛裝飾小物,就能讓小巧的杯子蛋糕有著更精采動人的模樣。在這裡Kazumi要為大家介紹的是我在紐約發現的,獨一無二的可愛裝飾小物。

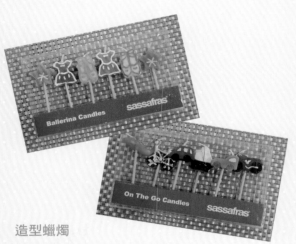

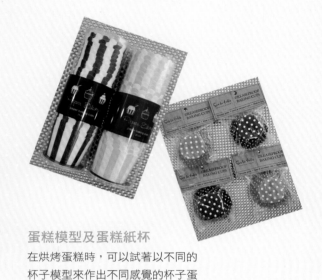

造型蠟燭

只要在杯子蛋糕上擺上具有獨特造型的蠟燭,就可以馬上讓杯子蛋糕的主題變得明顯清楚,是派對當中不可或缺的裝飾小物。

蛋糕模型及蛋糕紙杯

在烘烤蛋糕時,可以試著以不同的杯子模型來作出不同感覺的杯子蛋糕。即使只用單色紙杯,也會產生完全不同感覺的杯子蛋糕喔。

蛋糕模型及裝飾立牌

依照季節及派對目的的不同,選擇蛋糕的紙杯或裝飾立牌,也是製作杯子蛋糕時的樂趣之一喔!

造型棒棒糖

裝飾著不同文字訊息的造型棒棒糖,不管是搭配杯子蛋糕當作禮物一起贈送,或裝飾在杯子蛋糕旁,都可以讓杯子蛋糕更有新潮時尚感喔!

Acknowledgments

♥

衷心感謝長久以來一直支持愛護Ciappuccino的客戶。
希望能夠讓大家對於美國美好的文化能夠更加的了解，
進而有了這本書的出版。
若是這本書的任何一頁，能夠帶給大家HAPPY的感受，
這樣我也就覺得非常幸福了！

Special Thanks to Kazuhisa Koshiishi:
謝謝您為我們作出了生涯中最美麗的奶油。

Special Thanks to Eri Noda:
從創業開始就一直是Ciappuccino的最大粉絲，
陪著我度過了最辛苦的時期，謝謝你。

Special Thanks to Kaori Yoshihara & Aki Hinata
謝謝讓我每天都可以沉醉在美好糕點中的你們！

Thanks to my entire family:
從Ciappuccino創立開始，不管在公與私都不斷的支持我的，
我深愛的丈夫與兒子，謝謝你們。

I love you and thank you all for your love and
support over the years.

還有在這裡無法寫完，
從Ciappuccino創立開始就不斷的支持我的你們，
謝謝。

Kazumi Lisa Iseki

烘焙　良品　40

美式甜心So Sweet！
手作可愛の紐約風杯子蛋糕

作　　　者／Kazumi Lisa Iseki
譯　　　者／鄭純綾
發 行 人／詹慶和
總 編 輯／蔡麗玲
執行編輯／李佳穎
編　　　輯／蔡毓玲・劉蕙寧・黃璟安・陳姿伶・白宜平
封面設計／陳麗娜
內頁排版／鯨魚工作室
美術編輯／陳麗娜・李盈儀・周盈汝・翟秀美
出 版 者／良品文化館
郵政劃撥帳號／18225950
戶名／雅書堂文化事業有限公司
地址／220新北市板橋區板新路206號3樓
電子信箱／elegant.books@msa.hinet.net
電話／(02)8952-4078
傳真／(02)8952-4084

2015年02月初版一刷　定價 380元

NY STYLE NO ROMANTIC CUP CAKE
© KAZUMI LISA ISEKI 2013
Orginally published in Japan in 2013 by SEIBUNDO SHINKOSHA
PUBLISHING CO., LTD.
Chinese translation rights arranged through TOHAN CORPORATION,
TOKYO., and Keio Cultural Enterprise Co., Ltd.

總經銷／朝日文化事業有限公司
進退貨地址／235新北市中和區橋安街15巷1號7樓
電話／（02）2249-7714　　傳真／（02）2249-8715

國家圖書館出版品預行編目(CIP)資料

美式甜心So Sweet！手作可愛の紐約風杯子蛋糕 /
Kazumi Lisa Iseki 著；鄭純綾 譯. -- 初版. --
新北市：良品文化館, 2015.02
　面；　公分. -- (烘焙良品；40)
ISBN 978-986-5724-30-6(平裝)

1.點心食譜
427.16　　　　　　　　　　　　104000791

STAFF
企劃・編集／明石和美
攝影／長谷川朝美
Ciappuccino圖片提供／
p.3 profile作者圖、p.6-7、p.8-9、
p.116-117、p.123、p.125、p.126
裝訂・設計／
望月昭秀＋木村由香利（NILSON）

就是要超手感天然食材

超低卡不發胖點心、酵母麵包
米蛋糕、戚風蛋糕……
讓你驚喜的健康食譜新概念。

極好吃!!

烘焙良品 01
好吃不發胖低卡麵包
作者:茨木くみ子
定價:280元
19×26cm・74頁・全彩

烘焙良品 02
好吃不發胖低卡甜點
作者:茨木くみ子
定價:280元
19×26cm・80頁・全彩

烘焙良品 03
清爽不膩口鹹味點心
作者:熊本真由美
定價:300元
19×26 cm・128頁・全彩

烘焙良品 04
自己作濃・醇・香牛奶冰淇淋
作者:島本 薫
定價:240元
20×21cm・84頁・彩色

烘焙良品 05
自製天然酵母作麵包
作者:太田幸子
定價:280元
19×26cm・96頁・全彩

烘焙良品 07
好吃不發胖低卡麵包
PART 2
作者:茨木くみ子
定價:280元
19×26公分・80頁・全彩

烘焙良品 09
新手也會作,
吃了會微笑的起司蛋糕
作者:石澤清美
定價:280元
21×28公分・88頁・全彩

（暢銷新裝版）

烘焙良品 10
初學者也 ok！
自己作職人配方的戚風蛋糕
作者:青井聡子
定價:280元
19×26公分・80頁・全彩

烘焙良品 11
好吃不發胖低卡甜點 part2
作者:茨木くみ子
定價:280元
19×26cm・88頁・全彩

烘焙良品 12
荻山和也 × 麵包機
魔法 60 變
作者:荻山和也
定價:280元
21×26cm・100頁・全彩

烘焙良品 13
沒烤箱也 ok！一個平底鍋
作 48 款天然酵母麵包
作者:梶 晶子
定價:280元
19×26cm・80頁・全彩

烘焙良品 15
108 道鬆餅粉點心出爐囉！
作者:佑成二葉・高沢紀子
定價:280元
19×26cm・96頁・全彩

烘焙良品 16
美味限定・幸福出爐！
在家烘焙不失敗的
手作甜點書
作者:杜麗娟
定價:280元
21×28cm・96頁・全彩

烘焙良品 17
易學不失敗的
12 原則 × 9 步驟——
以少少的酵母在家作麵包
作者:幸栄 ゆきえ
定價:280元
19×26・88頁・全彩

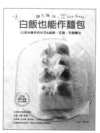

烘焙良品 18
咦,白飯也能作麵包
作者:山田一美
定價:280元
19×26・88頁・全彩

烘焙良品 19
愛上水果酵素手作好料
作者:小林順子
定價:300元
19×26公分・88頁・全彩

烘焙良品 20
自然味の手作甜食
50 道天然食材&愛不釋手
的 Natural Sweets
作者:青山有紀
定價:280元
19×28公分・96頁・全彩

烘焙良品21
好好吃の格子鬆餅
作者：Yukari Nomura
定價：280元
21×26cm．96頁．彩色

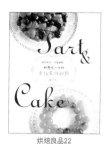

烘焙良品22
好想吃一口的
幸福果物甜點
作者：福田淳子
定價：350元
19×26cm．112頁．全彩

烘焙良品23
瘋狂愛上！有幸福味の
百變司康&比司吉
作者：藤田千秋
定價：280元
19×26cm．96頁．全彩

烘焙良品25
Always yummy！
來學當令食材作的人氣甜點
作者：磯谷仁美
定價：280元
19×26 cm．104頁．全彩

烘焙良品26
一個中空模型就能作！
在家作天然酵母麵包&蛋糕
作者：熊崎朋子
定價：280元
19×26cm．96頁．彩色

烘焙良品27
用好油．在家自己作點心：
天天吃無負擔，簡單做又好吃の
57款司康、鹹甜心、蔬菜點心、
蛋糕、塔、醃漬蔬果
作者：オズボーン未奈子
定價：320元
19×26cm．96頁．彩色

烘焙良品28
愛上麵包機：按一按，超好
作の45款土司美味出爐！
使用生種酵母&速發酵母配方都OK！
作者：桑原奈津子
定價：280元
19×26cm．96頁．彩色

烘焙良品29
Q軟喔！自己輕鬆「養」玄米
酵母 作好吃の30款麵包
養酵母3步驟，新手零失敗！
作者：小西香奈
定價：280元
19×26cm．96頁．彩色

烘焙良品30
從養水果酵母開始，
一次學會究極版老麵×法式
甜點麵包30款
作者：太田幸子
定價：280元
19×26cm．88頁．彩色

烘焙良品31
麵包機作的唷！
微油烘焙38款天然酵母麵包
作者：濱田美里
定價：280元
19×26cm．96頁．彩色

烘焙良品32
在家輕鬆作，
好食味養生甜點&蛋糕
作者：上原まり子
定價：280元
19×26cm．80頁．彩色

烘焙良品33
和風新食感・超人氣白色
馬卡龍40種和菓子內餡的
精緻甜點筆記！
作者：向谷地馨
定價：280元
17×24cm．80頁．彩色

烘焙良品34
好吃不發胖的低卡麵包
PART.3：48道麵包機食譜特集！
作者：茨木くみ子
定價：280元
19×26cm．80頁．彩色

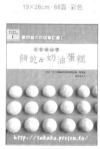

烘焙良品35
最詳細の烘焙筆記書I：
從零開始學餅乾&奶油蛋糕
作者：稻田多佳子
定價：350元
19×26cm．136頁．彩色

烘焙良品36
彩繪糖霜手工餅乾：
內附156種手繪圖例
作者：星野彰子
定價：280元
17×24cm．96頁．彩色

烘焙良品37
東京人氣名店
VIRON的私房食譜大公開
自家烘焙5星級法國麵包！
作者：牛尾則明
定價：320元
19×26cm．104頁．彩色

烘焙良品38
最詳細の烘焙筆記書II
從零開始學起司蛋糕&瑞士卷
作者：稻田多佳子
定價：350元
19×26cm．136頁．彩色

烘焙良品39
最詳細の烘焙筆記書III
從零開始學戚風蛋糕&巧克力蛋糕
作者：稻田多佳子
定價：350元
19×26cm．136頁．彩色

烘焙良品40
美式甜心So Sweet！
手作可愛的紐約風杯子蛋糕
作者：Kazumi Lisa Iseki
定價：380元
19×26cm．136頁．彩色

NEW YORK STYLE

Romantic Cup Cake